トウガラシ讃歌

山本紀夫編著

八坂書房

上段：コロンビア、カリ近郊で見かけた野生トウガラシの１種（*Capsicum annuum* var. *aviculare*)。実は直立して上向きにつき、熟すと自然に脱落する（山本紀夫)。

中段：アヒ。現在もほとんど南アメリカの南部地方に栽培が限られるトウガラシ（*C. baccatum*)。白い花の基部にある黄色の斑点が特徴（山本紀夫)。

下段左：ロコト（*C. pubescens*）の植物体。大きくて樹高が2mほどあるため，支柱を立て棚をめぐらせて栽培している。

下段右：ロコトの果実。赤いロコトは小ぶりのトマトに似ていて、まちがえやすいので、ご用心のほどを（山本紀夫)。

上段：ボリビアで、よく栽培される野生のトウガラシ、ウルピカ（*Capsicum eximium*）。野生でありながら、ときに栽培もされる。トウガラシ属の植物では珍しく紫色の花をつける（山本紀夫）。

中段：ナスカ文化の土器に描かれたトウガラシの図。ナスカ文化は、ペルー南海岸で紀元数世紀頃から栄え、大きな地上絵で有名。また、繊細で象徴的なモチーフを描いた彩文土器でも知られる（山本紀夫）。

下段：ペルー・アンデスの先住民の人たちがロコトを潰してつくるウチュクタ（トウガラシソース）。写真のようなロコト専用の小型の石臼を使ってつくる（山本紀夫）。

上段：メキシコのトウガラシ、セラーノとアルボル（渡辺庸生）。

中段右：メキシコのトウガラシ、チレ・ピキン（渡辺庸生）。

中段左：ウェボス・ランチェロス、トルティージャの上に目玉焼きをのせ、サルサ・ランチェラで煮込んである（渡辺庸生）。
下段左：モレ・ポブラノ（渡辺庸生）。

下段：グアテマラ、チチカステナンゴのトウガラシ売り（山本紀夫）。

上段左：スペイン、トウガラシやハーブの漬かった調味料（立石博高）。

上段右：スペインのピメント・デ・パドロン。シシトウをオリーブオイルで揚げて、塩をかけてある（立石博高）。

下段左：イタリア、カンポ ディ フィオーリ広場の市場。さまざまな香辛料とともに粉トウガラシが売られている（提供：八坂　歩）。

中段右：イタリアのトウガラシ料理モルゼッロ（提供：八坂　歩）。
下段右：サルデッラ（提供：八坂　歩）。

上段：ハンガリーのトウガラシ料理　パプリカ・チキン（右）と、セゲドのハラースレーと辛いパプリカ（左）（渡邊昭子）。

中段：ハンガリー、カロチャ。刺繍にもパプリカがあしらわれている（渡邊昭子）。

下段：エジプト、カイロのバーブッルーク市場（1984年当時）行きつけの野菜を買う店。中央上にどっかと青トウガラシが積まれている。トウガラシはいつもバクシーシ（心付け）で2、3本もらい受ける！（堀内　勝）

上段右：ブルキナファソ、市場の片隅に売られていたトウガラシ（手前の皿に入った赤いもの）。中央の袋はタマネギ。他の香辛料に比べ、量も少ない（川田順造）。
上段左：ブルキナファソの首都、ワガドゥグーで、食卓に上ったアメリカオオナスとトウガラシ（川田順造）。

中段左：ワガドゥグーの岩塩の市場。遠路運ばれた塩は、台上に並んでいるように四角くカットされたり、小分けにされて売られる（川田順造）。
下段：マリ、ジェンネの船着き場に荷揚げされた岩塩。ここからさらに南のサバンナへと運ばれる（川田順造）。

上段右：エチオピアの赤い料理（重田眞義）。
上段左：バイアネット。肉断食の際の野菜料理には、トウガラシが添えられる（重田眞義）。
中段右：青いキダチトウガラシの山（提供：山本雄大）。
中段左：肉料理に用いるトウガラシの下ごしらえ（重田眞義）。

下段右：エチオピア、生肉に赤トウガラシのソースをつける（重田眞義）。
下段左：エチオピア、アワサ湖の湖岸の魚市で生魚にトウガラシをつけて食べる（重田眞義）。

上段：タイ、市場で売られているプリックキーヌー（縄田栄治）。

中段：インドネシアのトウガラシ料理。スンダ料理専門店の４種のサンバル（右）、揚げた茹で卵のサンバル・ゴレン（左）（阿良田麻里子）。

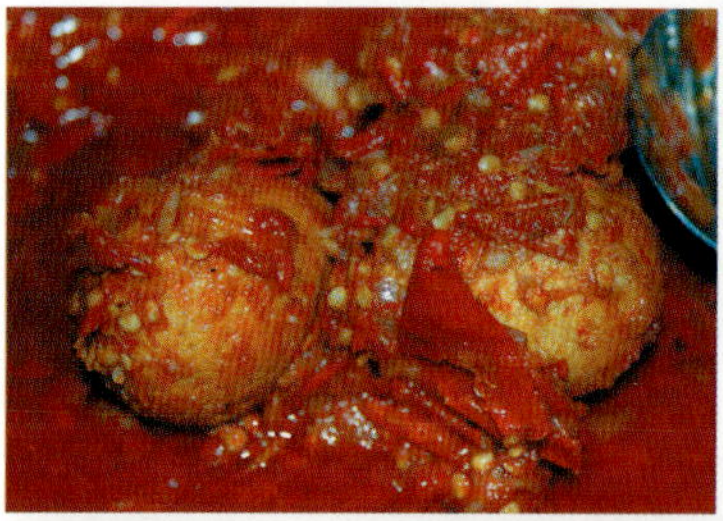

下段：インドネシア、ジャカルタの市場。縮れた赤トウガラシ（手前右）と青トウガラシ（手前中央）、キダチトウガラシ２種（奥）（阿良田麻里子）。

上段：ブータン、絨毯のように広げられたトウガラシ。天日によくさらして乾燥させる。屋根の上で干すことも多い（上田晶子）。

中段右：ブータン、パロの家の軒先に吊るして乾燥中のトウガラシ（提供：山本紀夫）。

中段左：ブータン、エマ・ダツィ。緑のものはすべてトウガラシ（上田晶子）。

下段：ティンプの市場。週末の市場でトウガラシをキロ買いする。選ぶ目は真剣そのもの（上田晶子）。

上段左：ネパール、小粒のトウガラシ、ダール・クルサニ（松島憲一）。

上段右：ネパール、カトマンズの市内でトウガラシを干す（提供：山本紀夫）。

下段：ネパール東部、オカルドゥンガの市場で見かけたトウガラシ売り（提供：山本紀夫）。

上段右：フィリピン、バタン諸島。キダチトウガラシの葉を採集してきた女性。野菜として利用するのだという（提供：山本宗立）。
上段左：フィリピン、マニラの市場で見かけたキダチトウガラシ（提供：山本宗立）。

中段：インド、トウガラシを使った邪視除けの護符（小磯千尋）。

下段：インド　粉にされる前の乾燥したトウガラシ（小磯千尋）。

上段左：中国、雲南省昆明市・昆明城区の食品市場。トウガラシを酢につけたもの（提供：小林尚礼）。

上段右：中国、雲南省維西リス族自治県の農村。家庭菜園でつくったトウガラシの乾燥（提供：小林尚礼）。

中段：中国、雲南省昆明市・昆明城区の食品市場。ゴマ入りのトウガラシ味噌「芝麻辣醤」（提供：小林尚礼）。

下段：中国、雲南省昆明市・昆明城区の食品市場。トウガラシの粉末が何種類も並ぶ。手前には胡椒、左奥には山椒も見える（提供：小林尚礼）。

上段：中国、雲南省昆明市・昆明城区の食品市場。
トウガラシ入りのさまざまな漬物と味噌（小林尚礼）。

中段：中国、雲南省徳欽県の村。ダカ（乳製品）と香辛料のスープ「ダカ・バチャ」（小林尚礼）。

下段：中国、雲南省昆明市の食堂。米線とトウガラシを使った料理（小林尚礼）。

上段右：韓国、コチュジャンを仕込む壺と、乾燥中のトウガラシ。
上段左：韓国、門にトウガラシを飾り、男子誕生を知らせる。
２段目左：韓国の青トウガラシ（鄭大聲）。

３段目右：韓国、トンチミ。古くからあった保存食で、キムチの元祖。青いトウガラシはアクセサリ。
３段目左：韓国、ピビンパプ。
下段：乾燥トウガラシの粉砕。大量のトウガラシが消費される（鄭大聲）。

上段左：東京、豊島区巣鴨の高岩寺門前に露店を出す、昔ながらの七味唐辛子売り。黒ゴマ、トウガラシ、陳皮、山椒、麻の実、のり、ケシの実の7種を、客の好みに応じて調合してくれる。

中段左：日本、沖縄県石垣島の自家製のキダチトウガラシ一味（右）と、瓶に入ったこーれーぐーす（左）（山本宗立）。
中段右：小笠原系のキダチトウガラシ。果実は小さく、1節に2～4個つく（山本宗立）。

下段左：キダチトウガラシの実。南西諸島系で、実は1節に1～3個がつく（山本宗立）。
下段右：日本、沖縄県石垣島、道路沿いの石垣の近くに自生するキダチトウガラシ（山本宗立）。

上段右：トウガラシ「八房」（提供：浅野聖）。
上段左：現在「鷹の爪」の名前で栽培されているもの（山本宗立）。元来「鷹の爪」は房成りではなかったと考えられるが、現在、市販の種子を播くと房成りになることが多い。これは、八房群と鷹の爪群の交配によりつくられた品種もあるためで、両者の区別は曖昧になりつつある。
２段目右：八房群のトウガラシ「信鷹」（提供：渡辺達夫）。

２段目左：トウガラシ「伏見甘」（山本宗立）。
３段目右：在来小獅子群の「山科トウガラシ」（写真提供：小枝壮太）。
３段目左：観賞用のトウガラシ「榎実」（山本宗立）。

下段左と右：トウガラシ「ハバネロ」（提供：渡辺達夫）。

トウガラシ讃歌　目次

まえがき

トウガラシは、考えてみれば奇妙な作物である。たくさん食べたとしても、お腹の足しになりそうなものではない。そもそも、トウガラシをたくさん食べることなどできないだろう。もっと食べたいと思っても、舌や胃がしばしば拒絶反応を示すからだ。にもかかわらず、トウガラシ好きの人は少なくない。なかには、トウガラシなしの食事なんて考えられないという人さえいる。

これは日本だけを見ていれば、あまり実感がないかもしれない。が、世界を見渡せば、トウガラシなしの食事など考えられないといった国や地域が多い。たとえば、お隣りの国、韓国もそうだ。韓国の人びとの食事に欠かせないものが有名なキムチだが、これもトウガラシが不可欠である。赤く染まった白菜の色も、あの辛味もトウガラシによるものだ。インドのカレーもそうだ。黄色の色こそはウコンによるものだが、辛味はやはりトウガラシによってつけられている。また、アフリカでもトウガラシを不可欠な食品にしている国や民族がある。

そのせいか、トウガラシは韓国原産あるいはインド原産だと考えている人が少なくない。アフリカ原産だと考える人もいる。しかし、トウガラシは韓国原産でもインド原産でもなく、またアフリカの原産でもない。トウガラシの故郷は中南米であり、十五世紀の末にコロンブスによってカリブ海の西インド諸島から初めてヨーロッパに持ち帰られた。そして、ヨーロッパからアフリカやアジアなど世界各地にもたらされた作物なのである。

つまり、トウガラシは韓国やインドの原産どころか、そこでの利用や栽培はせいぜい数百年の歴史しかない。また、アフリカでもそうだ。見方を変えれば、トウガラシは中南米原産とは考えられないほど、短期間のうちにアジアやアフリカなどで広く深く受け入れられるようになった作物なのである。

もちろん、トウガラシは、コメやトウモロコシ、ムギ、あるいはジャガイモなどのように主食になることはない。そのため、これまでトウガラシが注目されたことはなかった。だからといって、世界の食文化のなかでトウガラシの果たした役割は決して小さくない。むしろ、トウガラシの出現によって「食卓革命」といえるほど食文化に大きな変化を生じたところが多い。先述した韓国やインドだけでなく、それはきわめて広い地域におよぶのである。

それでは、トウガラシはどのようにして世界各地に広がり、利用されるようになったのだろうか。また、アジアやアフリカ、そしてヨーロッパなどではトウガラシはどのように利用されているのだろうか。さらに、原産地の中南米ではトウガラシはどのように利用されてきたのだろうか。そもそも、あんなに辛いトウガラシを人間はなぜ、いつ頃から利用し、栽培するようになったのだろうか。

本書は、このような疑問に答えるとともに、主食のかげに隠れて目立たないトウガラシに光をあて、それが世界の食文化に果たしている役割を明らかにするために企画されたものである。執筆者はいずれも現地をよく知る人たちばかりであり、なかにはトウガラシの辛味に耐えて汗をかきながら食べるうちにマニアになったのではないかと思われる方もいらっしゃる。このような方々に世界各地でのトウガラシの来歴、利用法、さらに魅力などについて述べていただいた。本書の書名を『トウガラシ讃歌』としたゆえんである。なお、本書の構成は、わかりやすいように地域別にした。トウガラシの伝播の流れにしたがって、原産地の中南米に始まり、そこからヨーロッパを経て、アフリカ、アジア、そして極東に位置する日本へと、地球を東まわりするという構成である。だが、もちろん、どこから読んでいただいても構わない。

本書をとおして、ほとんど注目されることのないトウガラシの魅力と役割を知っていただければ幸いである。

編　者

第1部

トウガラシ誕生の地

――中南米

中南米から世界へ——コロンブスが持ち帰った香辛料

山本紀夫

＊——ヨーロッパ人による「発見」

一五世紀後半、世界は大航海時代を迎えていた。黄金や香辛料を求めて、数多くの探検家たちが海を渡り、見知らぬ土地へと船出していったのである。

そのひとりがクリストーバル・コロン、俗にコロンブスとして知られるようになった人物である。ただし、他の探検家たちが南に航路をとるなかで、コロンブスだけは西に向かった。そして、大西洋を渡り、到達したところがカリブ海に浮かぶ西インド諸島であった。一四九二年一〇月一二日のことである。そのあと、コロンブス一行はカリブ海に点在する島々を探索し、エスパニョーラ島（現在のハイチとドミニカ）で約一カ月滞在、そこで彼はアメリカ大陸以外の人間として初めてトウガラシを目にした。

実際に、この航海が終わる少し前の一四九三年一月一五日のコロンブスの日誌には、次のような記録が見られるのである。

彼らのこしょうであるアヒーもたくさんあるが、これは胡椒《こしょう》よりももっと大切な役割を果たしており、これなしで食事する者は誰もいない。彼らは、非常に健康によいものだと考えているのである（コロンブス一九七七：二一二）。

ここで述べられているアヒーこそは、トウガラシにほかならない。アヒーあるいはアヒは、カリブ海地域から南アメリカにかけてトウガラシを指す言葉として広く使われている言葉なのである。

一回目の航海を終えたコロンブスは、帰国後わずか半年ばかり後の一四九三年九月末には、ふたたび西インド諸島に向かった。新大陸発見のニュースは本国スペインではもちろんのこと、内外に大きな驚きと感動をもって迎えられ、発見された諸島の植民地化のために、ただちに第二次航海の準備が進められたのだ。この第二次航海には船医としてチャンカ博士が同行し、航海中に訪れた西インド諸島の住民やその生活、そして食べ物などについても記録を残した。そのなかでトウガラシの利用については、次のような貴重な記録を残している。

その主食は木と草との中間のような作物の根から作ったパンと、さきにのべましたアヘという大根のよ

コロンブス一行が大西洋横断に使った旗艦サンタマリア号（1949年の木版画）

うなものですが、このアヘは仲々滋養のある食糧であります。そしてこれの味付にはアヒというものを香料として使っていますが、魚や、そして鳥があるときには鳥にも、これをつけて食べます（チャンカ一九六五：一一二）。

この文中の「木と草の中間のような作物」とは、他の記述などから判断して、マニオク（キャッサバ）であり、アヘはサツマイモであろう。どちらもアメリカ大陸原産のイモ類である。そして、香料のアヒこそが先述したようにトウガラシなのだ。現在もエスパニョーラ島のドミニカでは、トウガラシはアヒと呼ばれ、マニオクやサツマイモとともに重要な作物になっている。また、トウガラシをマニオクのパンや魚の肉につけて食べる習慣も、アマゾン流域などで広く見られるのである。

さて、コロンブス一行のあと、多くのヨーロッパ人が大西洋を渡りアメリカ大陸にやってきた。そして、そのなかには、トウガラシについて記録を残している者もいる。そのひとり、スペイン人神父のアコスタは、十六世紀後半に中南米を広く歩き、一五九〇年に優れた記録『新大陸自然文化史』を刊行、そのなかでトウガラシの品種について次のように記録している。

アヒには、緑、赤、黄などいろいろな色がある。カリベという名の激しい味のものがあり、これは刺激が強く、ひりひりする。おとなしい味のものもあり、甘くて口いっぱいに入れて食べられるものもある。小さくて、口に入れると、麝香《じゃこう》のようなかおりのするものもあり、とても味がいい（アコスタ一九六八：三八〇―三八一)。

このアコスタの記録からもうかがえるように、ヨーロッパ人たちがアメリカ大陸を訪れたとき、そこではすでにさまざまな種類のトウガラシが栽培されていた。トウガラシの変異は、とくに果実の形や色にあらわれることが知られているが、その色も多様であった。また、味も「刺激が強く、ひりひりする」ものだけでなく、現在のピーマンのように辛くないトウガラシもあった。

じつは、コロンブスやアコスタ神父が訪れるはるか昔から、中南米ではトウガラシに多種多様な品種が生み出されていたのである。下の図は、紀元数世紀頃に現ペルーの海岸地帯で栄えていたナスカ文化の土器に描かれたトウガラシだが、形や色はもちろんのこと、実も下向きにつくものだけでなく、上向きにつくものもあったことがわかる。

ナスカ文化の土器に描かれたトウガラシ(Yacovelff y Herrera 1934)

＊——アメリカ大陸最古の栽培植物？

では、その中南米で、トウガラシはいつ頃から利用されるようになったのであろうか。おもしろいことに、トウガラシはアメリカ大陸でもっとも古くから利用され、最古の栽培植物の可能性もある。よく知られているように、アメリカ大陸は、トウガラシだけでなく、トウモロコシやジャガイモ、サツマイモ、カボチャ、タバコ、トマト、その他きわめて数多くの作物を生み出したところだが、これらのなかでもトウガラシはとくに古い時代から利用されていたことが知られているのだ。

たとえば、次ページの図はメキシコの中央高地に位置するテワカン河谷の遺跡で利用されていた動植物を、その時代とともに示したものであるが、トウガラシはもっとも早い時期から出現していたことがわかる。これは、メキシコだけのことではなく、アメリカ大陸でメキシコとともに早くから農耕の始まったペルーでもそうだ。ペルーでは、トウガラシは紀元前八〇〇〇年という、きわめて古い時代から利用されていたのである。ただし、メキシコでもペルーでも、初期の頃は栽培種ではなく、野生のトウガラシを利用していた可能性がある。

それにしても、なぜトウガラシは数多くの作物のなかで、もっとも古い時代から利用されるようになったのであろうか。当時は未だ農耕は始まっておらず、人びとは狩猟採集で得た食糧を食べていたと考えられることから、狩猟によって得た肉などの料理の香辛料として利用していたのかもしれない。もしそうであれば、中南米の人びとは、トウガラシを狩猟採集時代から今日まで一万年におよぶ長い年月を利用してきたことになる。

トウガラシと人間との長く密接な関係は、祖先種と見られる近縁野生種の生態からもうかがえる。それというのも、トウガラシの近縁野生種は自然の森林や草原では見られず、路傍や開墾地など、人間の手の加わった、いわば人臭い環境のみに生育しているからだ。この状態は、雑草と何も変わらず、この雑草としてのトウガラシの祖先野生種の状態こそが人類の伴侶として過ごしてきた長い歴史を物語っている。雑草といえば人間にとって役に立たない邪魔な植物と考えられるかもしれないが、ここでいう雑草とはそのような意味ではない。植物学的には、雑草は人間が自然を攪乱《かくらん》した環境だけに生育する植物として知られており、人間の自然への介入なくしては存在しないものなのである。

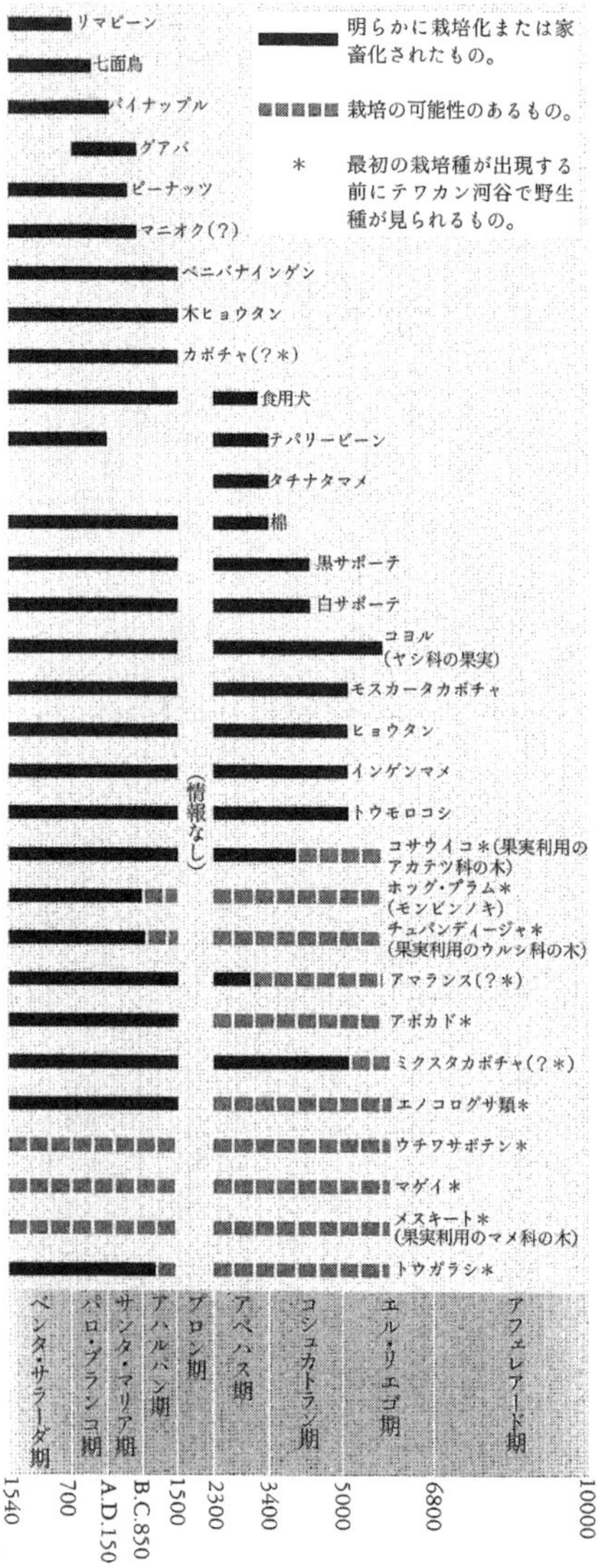

メキシコのテワカン河谷における動植物利用の変化（Bray 1977より作図）

この近縁野生種を見ていると、人間がどのようにしてトウガラシを野生種から栽培種へと変化させたか、つまり栽培化したのか、その過程もある程度わかる。まず、それは実のつき方のちがいに見られる。先にトウガラシの野生種は雑草として自生していると述べたが、トウガラシだけで群落をつくることはなく、あちらに一株、こちらに一株といった状態で点在している。そのため、雑草のなかからトウガラシの野生種を見つけるのは容易ではないが、実をつけている時だけは別だ。野生のトウガラシは小指の先ほどの小さな実をつけるが、この実が鮮やかな赤い色をしているうえに、上向きに直立しているので目立つからである（カラー口絵）。

この野生種は、実が熟すと手で触れただけでポロポロと落ちてしまう。つまり脱落性をもっている。この果実の脱落性こそは、種子を自然に散布させるための生存戦略であり、トウガラシの野生種に限らず、野生の植物一般に共通する特徴である。このように、トウガラシの野生種は赤い実を上向けにつけ、それに脱落性があるため、鳥などによって発見されやすく、ついばみやすいものになっている。その結果、鳥などが食べて排泄することによって野生種の遠隔地への自然散布を助けているのである。

一方、このような野生種の特徴は、人間が利用するうえでは不都合である。たとえば、実が熟すやいなやポロポロと脱落したのでは収穫するうえで都合が悪い。また、小指の先ほどの小さな実では利用するうえでも不都合であろう。こうして、中南米の人びとは脱落性のあるものから非脱落性のものへ、小さな実から大きな実をもつものへ、と野生のトウガラシを栽培化させていったと考えられるのである。

参考までに、次ページの写真に主としてアマゾン流域で栽培され、一般にアヒと呼ばれているトウガラシとその近縁野生種のおもだった変異を示した。この写真では上向きになっているものと下向きになっているもの

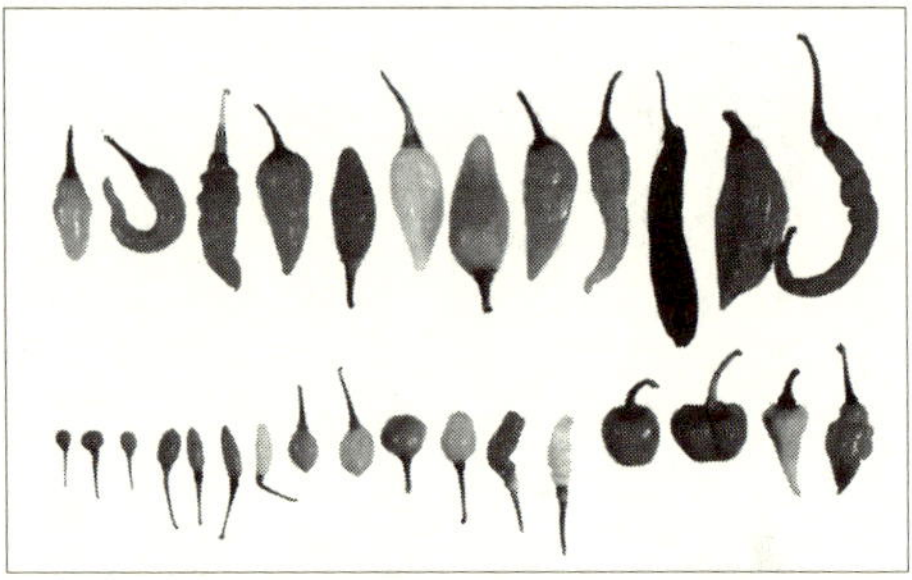

主としてアマゾン流域で栽培され、アヒの名前で知られるトウガラシ（*C. chinense* および *C. frutescens*）の変異。果実の上下方向は実のつき方（直立型か下垂型か）を示す。

があるが、これは果実のつき方の上下方向を示している。また、写真左下のいくつかの小さい実が野生種である。

＊――野生トウガラシの利用

一口に栽培化とはいうものの、野生種から栽培種への変化は気が遠くなるほどの長い年月と努力が必要だったにちがいない。まず、栽培するようになるまでには野生のトウガラシを利用する長い時代があったはずである。トウガラシは、ジャガイモやトマトと同じナス科のなかのトウガラシ属（*Capsicum*）に属しているが、この属には二〇～三〇種ほどの野生種のあることが知られており、このなかから食用となるものを選ぶ際にもさまざまな試行錯誤があっただろう。また、このとき少しでも大きな実をつけるものを探す努力も続けられただろう。さらに、突然変異などで生じた非脱落性の実をつけるトウガラシを発見し、それを選択的に栽培するようにもなったにちがいない。

とくにトウガラシの栽培化は、穀類やイモ類などの場合とはちがった困難が伴ったと考えられる。というのも、トウガラシは日本などの温帯では一年生の作物であるが、基本的に多年生で木本性だからである。実際、原産地の中南米では二～三メートルくらいの木になっているトウガラシも珍しくない。そして、このような木本性の植物の栽培化は、草本性のものに比べてはるかに時間がかかるのだ。草本性のものはふつう一年生であるのに対し、木本性の植物は実をつけるまでに少なくとも数年間を要するので、野生植物から栽培植物への遺伝的な変化、つまり栽培化には草本性植物の何倍もの年月がかかるのである。

一方で、木本性のトウガラシの野生種は、狩猟採集生活を送っていた人たちにとって、草本性のものよりも好都合な点もあったはずだ。というのも、草本性のものは、乾期のように生育に不都合な時期には植物体のほとんどが枯れてしまい、翌年もそこにあるとは限らないが、木本性のものは果実をつけるまでに時間がかかっても、いつでもその時期になれば収穫が期待できるからだ。

おもしろいことに、この野生トウガラシの利用は、メキシコやアンデスでは現在も見られる。この地域の市場で、ときにサンショウのように小さくて丸い、青い実を売っていることがあるが、それは大体において野生のトウガラシである。先述したように、野生のトウガラシは実が熟して赤くなると地面に落ちてしまうので、未熟なうちに採集して売っているのだ。

では、さまざまな品種があるにもかかわらず、わざわざ野生のトウガラシを利用するのはなぜか。それは、ひと言でいえば野生種には栽培種が失ってしまった味と香りがあるからだ。これは、トウガラシといえば、辛味しか考えない日本人には理解しにくいかもしれ

市場で売られている野生のトウガラシ(*Capsicum annuum* var. *aviculare*)。現地でペキンあるいはピキンと呼ばれている。グアテマラ、チチカステナンゴで撮影。

ないが、トウガラシには辛味だけではなく、独特の風味があり、それも中南米の人たちは味わっているのである。そのため、野生のトウガラシを採集してくるだけでなく、それを栽培して利用することもある。この状態は「栽培されている野生のトウガラシ」ということであり、奇妙に聞こえるかもしれないが、これもトウガラシの原産地だからこそであろう（山本一九九四）。

なお、野生のトウガラシは、そのまま利用するには強烈過ぎるほど辛いのがふつうであるが、これも未熟なうちに利用すればさほど問題はない。トウガラシの辛味成分はカプサイシンというものだが、これは未熟なうちは含有量が少なく、熟すにつれて多くなるからだ。

＊——知られざるトウガラシ

こうして野生のトウガラシから栽培種が生み出されることになる。ただし、この栽培化は一カ所だけではなく、中南米の数カ所で起こったようだ。それというのも、トウガラシの栽培種は五種あることが知られているが、これらのトウガラシは現在も基本的に、それぞれ異なった地域で栽培利用されているからである。そして、現在、世界中で広く栽培されているのは五種のトウガラシのうちのほとんど一種だけで、残りの四種はあまり知られることのないものだ。なお、ここでいう種とは品種ではなく、植物学的な種、つまりスピーシスのことである。

そこで、いささか専門的になるが、これらのトウガラシを簡単に紹介しておこう。上述したように、現在世界中で広く栽培されているトウガラシはほとんど一種だけであり、それは植物学的にはアンヌーム（*Capsicum*

上：ロコトの名前で知られるトウガラシ（*C. pubescens*）。紫色の花が特徴。
左：ペルー・クスコ地方の市場で売られているロコト。

annuum）という種に属している。これはメキシコあたりで栽培化されたとみなされているトウガラシで、中米でチレと呼ばれているものが大体そうだ。

なお、トウガラシの花は基本的に白色で、このアンヌーム種の花の色も純白である。そのなかで、紫色の花をつけるトウガラシがある。主としてアンデスの標高一〇〇〇～三〇〇〇メートルあたりで栽培されているトウガラシで、現地ではロコトの名前で知られる。また、種子も特異だ。他のトウガラシの種子が柔らかく、色はうすい黄色なのに対し、ロコトの種子は固く、しかも黒褐色なのである。このため、現地の人たちもロコトを、アヒと呼ばれる他のトウガラシとははっきり区別している。また、ロコトは葉に細かい毛が密生していることも大きな特徴であり、ラテン語で軟毛があるという意味のプベッセンス（*C. pubescnes*）が種名になっている。

アンデス以外の地域、とくに南米の南部地域では別種のトウガラシが栽培されている。それが現地でアヒと呼ばれているもので、これは白い花の基部に黄色の斑点がある（カラー口絵）。このトウガラシは植物学的にはバッカータム種（*C. baccatum*）に属している。ただし、アヒと呼ばれるトウガラシには、少なくとももう一種ある。それがチャイネンセ種（*C. chinense*）で、花弁が黄色あるいは緑色がかった白色だ。これはアマゾン流域からカリブ海あたりにかけての熱帯アメリカで栽培されているトウガラシである。このトウガラシと非常に近縁で花の色もほとんど同じであり、栽培の分布域も似ているものが、もう一種のフルテッセンス種（*C. frutescens*）だ。これも現地でアヒと呼ばれているので、呼称だけではどの種のトウガラシか区別することはできない。ちなみに、このトウガラシは鳥によって運ばれてきたのか、小笠原や南西諸島などの日本の一部地方では自生しており、日本ではキダチトウガラシの名前で知られている。

以上述べた五種がアメリカ大陸で古くから栽培されてきたトウガラシである。ただし、先述したように中南米では野生状態で利用されているトウガラシ、さらに野生種の特徴をもちながら栽培されているトウガラシもあり、一〇種近くのトウガラシが利用されている。

とにかく、中南米では異なった五種ものトウガラシが異なった場所で別々に栽培化されたと考えられている。

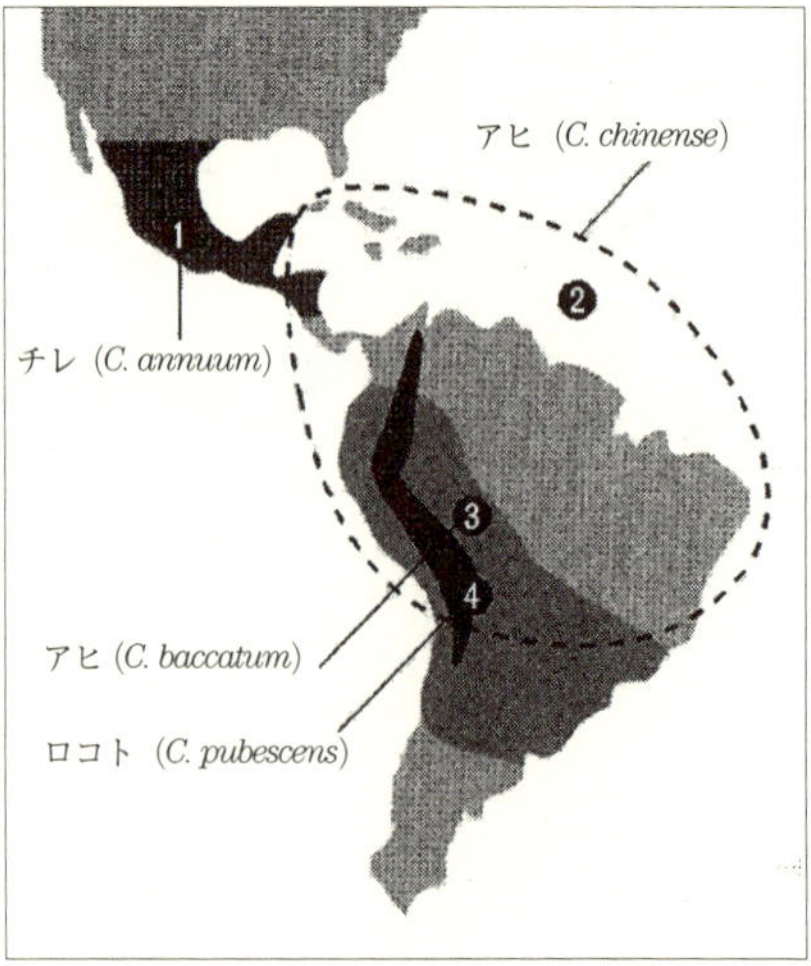

コロンブスが西インド諸島に到達した頃の4種のトウガラシの分布とその呼称（Heiser 1978を一部改変）。

コロンブスが西インド諸島に到達した当時も、これらの栽培種の分布は、おおまかにいえば、中米、アンデス、そしてアマゾン川流域で大きく異なっていた（下図）。そして、これらの五種のトウガラシのうちの少なくとも四種（*C. annuum*、*C. pubescnes*、*C. baccatum*、*C. chinenese*）は現在も基本的に異なった地域で栽培利用されているのである。このことは、これらのトウガラシがきわめて古い時代から異なった風土のなかで育てられ、それぞれの地域の食文化と密接な関係をもって発達してきたことを物語っている。実際に、中南米のなかで、少なくとも中米、アンデス、アマゾン流域の食文化は古くから独自に発達してきたと考えられているのであるだ。

そこで、次に中南米の伝統的な食文化との関係から、トウガラシの利用について見ておこう。

＊——植民地時代のトウガラシ利用

中南米の伝統的な食文化とトウガラシとの関係を知るために、ヨーロッパ人たちが初めて中南米を訪れた頃のトウガラシ利用の様子を見ておこう。十六世紀以降、スペインの植民地となった中米やアンデス地域では、当時の人びとの食生活の記録が残されている。たとえば、十六世紀半ばに『ユカタン事物記』を著したランダ神父は、現メキシコのユカタン半島での主食について次のように述べている。

彼らの主たる食糧はとうもろこしで、これからいろいろな食物や飲物が作られる。もっとも彼らが飲んでいるような飲み方をするなら、飲物といってもそれは食物と飲物の両方の役を果たしている（ランダ一九八二：三二九）。

そして、トウガラシの利用についても次のように述べている。

焼いたとうもろこしを粉にし、それを水に溶かして飲むことがあるが、これにインディアス（新大陸）のとうがらしとカカオを少し加えると、まことにさわやかな飲料になる。（中略）朝には、すでに述べたとおりとうがらしを入れた熱い飲物をとり、日中にはこれを冷やして飲み、夜には煮物を食べる。肉がないときには、とうがらしと豆の汁を作る（ランダ一九八二：三三〇）。

次に、ペルーにおけるトウガラシの利用について見てみよう。インカの貴族とスペイン人のあいだに生まれたインカ・ガルシラーソが次のように詳しい記録を残しているのだ。

インディオたちの嗜好の度合を勘案すれば、すべての筆頭に置くべきものに、ウチュと呼ばれる香辛料がある。ここスペインでは「インディアスの唐辛子」と呼ばれているこの香辛料を、アメリカのスペイン人たちはバルロベント諸島（カリブ海地域）の言葉を借用して、アヒーと呼んでいる。実際、わが祖国（ペルー）の同胞たちのアヒーに対する嗜好は大変なものであって、彼らはあらゆる料理——煮込んだものであろうと、茹でたものであろうと、はたまた焼いたものであろうと、にそれを入れるだけでなく、生の野菜や草を食べる時にさえ添えるのである。インディオがこれほどまでに好むものであるがゆえに、かつて、厳しい断食の時にはウチュを口にすることが禁じられ、かくして、断食がよりいっそう辛い体験になるようにと配慮されていた（インカ・ガルシラーソ一九八六：三三二）。

ここで述べられているウチュは、ペルーの先住民であるケチュア族の人たちによって、いまもトウガラシを指す言葉として使われている。ちなみに、彼は「唐辛子には、三つか四つの種類がある」と述べ、「もっとも多く出回っているのは、心もち細長い、しかし先の尖ってはいない大ぶりのもので、ロコト・ウチュと呼ばれる」と述べている。明らかに、これは先述したロコト（プベッセンス種）のことである。また「もう一つの種類は、人さし指と親指を広げたほどにも長く、小指くらいの太さの、とても細長いものである」と述べて「その名前は忘れてしまった」という。が、これは形態などから判断して先述したアヒ（バッカータム種）であろう。さらに、彼はもう一つの種類のトウガラシについては次のように述べている。

いまひとつの種類は、小さくて丸い、サクランボ大のもので、葉柄のついているところもサクランボそっくりである。チンチ・ウチュと呼ばれるこの小さな唐辛子は、他と較べて辛味が圧倒的に強く、まるで口が焼けるかと思われるほどである。そして、ほんの少ししか栽培されないので、とても珍重されている（インカ・ガルシラーソ　一九八六：三三二）。

このトウガラシこそは、アヒ（バッカータム種）の野生祖先種であると考えられる。いまから三〇〜四〇年ほど前には、ペルーの南部からボリビア北部にかけての市場でよく見られ、それをチンチと呼ぶ地方もあった。

そして、インカ・ガルシラーソが暮らしていたクスコの近くで私はバッカータム種の野生種が自生する地域を見つけたことがある。

とにかく、これら二人の記録からだけでも、中米およびアンデスではトウガラシが食生活に欠かせないものになっていたことが明らかであろう。では、このときから数百年をへた今日、トウガラシの利用はどうなっているのであろうか。結論を先に述べておけば、いまなお中南米の伝統的な色彩の濃い地域ではトウガラシが不可欠になっている。それを次に見てみよう。

＊——主食の伴侶としてのトウガラシ

まず、中南米の食文化について述べておかなければならないことがある。それは、アメリカ大陸のなかで、中米のメキシコやグアテマラ、南米ではアンデス高地、そしてアマゾン流域の森林地帯は、現在も伝統的な色彩を濃く残した地域であることだ。そして、これらの地域では、トウガラシを不可欠な香辛料として利用している民族がほとんどを占める。しかも、このような地域では主食もいまなお伝統的な作物を利用しており、この主食と香辛料のトウガラシがセットになっているのである（山本二〇〇七）。

この背景には、ヨーロッパ人が初めてアメリカ大陸に来た頃、そこにはすでにアメリカ大陸原産の優秀な作物が数多くあり、これらがヨーロッパ由来の作物に置き換えられなかったという事情がありそうだ。たとえてみれば、日本でも、終戦後にいろんな面でアメリカ文化が席捲《せっけん》するなかで、ご飯、味噌汁、漬物といった基本的な食事の組み合わせが容易に変化しなかったのと同様である。

そこで、次に地域別に見てゆこう。まず、メキシコを含む中米では古くからトウモロコシを主作物にしていた。たとえば、マヤやアステカなどの有名な中米の古代文明もトウモロコシ農耕を基礎にしていたことが知られている。また、先のランダ神父の記述にもあるように、植民地時代もメキシコのユカタン半島ではトウモロコシが主食であった。このトウモロコシは、一般にトルティーヤの名前で知られる無発酵パンのような食品にして食べられていた。現在もメキシコやグアテマラなどでは、このトルティーヤを主食にしている人びとが多い。そして、このトルティーヤを食べるとき、欠かせないのもトウガラシをトマトなどといっしょに潰し、塩や香料などを加えてつくったペッパーソースだ。このため、中米のレストランなどではテーブルの上に必ずペッパーソースが置かれている。また、スーパーマーケットなどでも、いろんな種類のペッパーソースを置いたコーナーがある。

中米のレストランのテーブルの上には、レモンやチーズなどとともに必ずペッパーソースもおいてある。現地ではサルサ（ソース）の名前で知られる。グアテマラ・シティーで撮影。

　このソースは、トウガラシとトマトが基本であるが、トウガラシのほとんどは中米原産のアンヌーム種のものだ。また、トマトは日本でも食べているトマトだけでなく、しばしば食用ホオズキが使われる。じつは、メキシコやグアテマラではトマトといえば（スペイン語でトマテ）、ふつうは食用ホオズキのことを指すのだ。食用ホオズキは中米原産で、トマトはペルー原産なので、食用ホオズキを使ったペッパーソースがより伝統的なものである。とにかく、トウモロコシ・トウガラシ・食用ホオズキの組み合わせの食事は非常に古い歴史をもっている可能性がある。

同じような例は、南米の熱帯低地、とくにアマゾン流域でも見られる。そこで暮らしている人びとの大半がマニオク（キャッサバ）というイモ類を主食にしているが、このマニオクは南米では数千年もの昔から栽培されていたことが知られている。マニオクはトウダイグサ科の低木で、成長すると樹高が二～三メートルにもなる。そして、地下には長さが三〇～四〇センチ、ときに一メートルに達する大きなイモ（塊根《かいこん》）を十数本もつけ、これが食用にされる。

ただし、マニオクには無毒のものと有毒のものがある。無毒のものは煮ただけで食べられるが、有毒のものは青酸性の有毒成分を多量に含むため、これを食べた家畜が死ぬことさえある。ところが、アマゾン流域で暮らす人びとの多くが主食にしているのは有毒マニオクのほうで、これから一般にカサーベと呼ばれる、薄焼きの大きなパン状のものをつくる。十六世紀頃に初めてアマゾン流域を訪れたヨーロッパ人の記録にも、このパンのことが書かれているので、伝統的な食べものであることはまちがいない。

さて、有毒のマニオクを食用とするためには毒抜きの必要があり、このとき出た毒汁を捨てないでトウガラシのソース、つまりペッパーソースをつくる。この毒汁からつくったペッパーソースこそが、アマゾン流域の食事で欠かせないものになっているのだ。このペッパーソースは、一般にトゥクピーの名前でアマゾン川流域では広く知られている。これは毒抜きのときにできた毒汁のなかに、トウガラシの他、蟻や魚などを入れて長時間煮込んだものだ。見た目は、ちょっと醤油に似て、黒っぽい液体であるが、トウガラシのせいで少し辛味があり、また蟻酸《ぎさん》のおかげか酸味もあって乙な味である。そのため、ちぎったカサーベのパンをこのトゥクピーに浸したり、焼いた魚や動物の肉などにつけて食べることもある。

ちなみに、冒頭で紹介したチャンカ博士の記録で述べられている「その主食は木と草の中間のような作物の根から作ったパン」とは、ここで紹介したカサーベのようなものであった可能性がある。また、そのあとに続く「この味付けにはアヒというものを香料として使っていますが、魚や鳥がある時には鳥にも、これをつけて食べます」という表現もアマゾン流域の人びとの食事風景を彷彿とさせるものだ。

コロンビア・アマゾン流域で暮らす先住民の人たちの食事は、カサーベ（マニオクのパン）と焼いた魚が基本。これに欠かせないのがトゥクピー（中央上の皿に入っている黒っぽい液体状のもの）。

一方、気温が高く、湿度も高いアマゾン川流域とは対照的に、アンデス高地は寒冷で乾燥した環境のところである。とくに、ペルーからボリビアにかけての中央アンデスの高地は、標高が四〇〇〇メートル近い寒冷地でも多数の人びとが暮らしている。そして、彼らの主食はアンデス高地原産のジャガイモで、その料理法は基本的に蒸すか、煮るものだが、どちらにせよトウガラシが欠かせない。そして、このトウガラシがアンデスに栽培がほぼ限られるロコトと呼ばれるものだ。これは他のトウガラシが栽培できない標高三〇〇〇メートル近くの高地でも育つものなのである。

かつて、私はペルー・アンデスのクスコ地方の農村で二年間ほど暮らしたことがあり、そのときの観察によれば、ジャガイモ畑などで昼食をとるとき、農民が主食とするのは蒸したジャガイモだが、これにはロコトがつきものである。生のロコトをナイフなどで薄く切り、これをジャガイモなどといっしょに食べるのだ。また、ロコトを岩塩などといっしょに石臼で潰して利用することもある（カラー口絵）。屋内で食事をとるときは、ふつう後者の方法で利用する。量はさほど多くはないが、ジャガイモ中心の食事ではロコトが欠かせないのである。

以上述べてきたことでも明らかなように、中南米の各地でトウガラシは主食につける香辛料として大きな役割を果たしてきた。その主食は地域によって異なり、その香辛料としてのトウガラシも地域によって種《スピーシス》がちがっている。これらの事実は、とりもなおさず、各種のトウガラシがトウモロコシ、マニオク、ジャガイモなどの主食の伴侶として、それぞれ長い道のりを歩んできたことを雄弁に物語っているのだ。

＊――中南米から世界へ

以上述べたように中南米の各地で主食の伴侶としてトウガラシが大きな役割を果たしているが、これはコロンブスが来た当時もあまりちがいはなかったはずである。それは、先述したように十六世紀から十七世紀頃にかけてヨーロッパ人たちが書き残した記録によっても明らかである。

さて、そこにコロンブス一行が到達したわけだが、冒頭で紹介したように彼らはトウガラシに大きな関心をもった。香辛料のなかでも、とくに胡椒を求めていた彼らは、胡椒にかわる香辛料としてトウガラシに注目したのだ。それは、コロンブスが第一次航海のおりにエスパニョーラ島で「これ（トウガラシ）は、年間カラベラ船（十四~十七世紀に使われた大型の帆船）十隻分を、このエスパニョーラ島から積出すことができるだろう」と述べていることでも明らかである。

このときコロンブス一行はトウガラシを早速ヨーロッパに持ち帰ったようで、一四九三年がヨーロッパにトウガラシが初めて持ち帰られた年とされている。しかし、トウガラシはヨーロッパでは容易に広がらなかった。その一つの理由が、トウガラシは本来気温の高い熱帯低地に適した作物なので、冷涼な気候の多いヨーロッパでは栽培が困難であったことにあるようだ。また、トウガラシの比類のない辛さも容易に受け入れられなかった一因であろう。実際、一五五四年に刊行された植物誌のなかでフランドル（フランス北端部からベルギー西部にかけての地域）人の医師であったロンベール・ドードンスは、トウガラシを「犬に食べさせたら死ぬだろう」と警告している（Andrews 1984:25）。ただし、この新参の植物に植物学者たちは関心をもったらしく、ドイツ人植物学者のフックスは一五四三年に図のようなトウガラシの正確な絵を描いている。

ヨーロッパで初めて描かれたトウガラシの図（Leonard Fuchs, *De historia stirpium* 153）。

この辛さのせいで、ドイツやイギリスなどヨーロッパ北部の地域ではいまなおトウガラシがあまり使われていない。たとえば、一昨年、私が二カ月あまり滞在したアイルランドでは、ペッパーといえば胡椒のことであり、ホット・ペッパーとかチリ・ペッパーといっても通じなかった。それほどトウガラシはアイルランドでは知られていないのである。

そのようなヨーロッパでも、やがて冷涼地で育つ辛味の少ない品種が育成されるようになり、野菜としてトウガラシが定着するようになったところもある。その代表的なところがハンガリーだ。ここでは、トウガラシの一品種のパプリカがふんだんにハンガリー料理として名高いグヤーシュの色や香りづけに使われるようになった。このハンガリーにおけるトウガラシ利用の詳細は、本書に所収されている「パプリカ辛くないトウガラシ!?―ハンガリー」を参照していただきたい。

アフリカには、ポルトガル人が十六世紀頃に、やはりアメリカ大陸由来のトウモロコシなどといっしょに運んだと考えられている。34~35ページの地図にも示されているように、まずは西アフリカへ、そこから喜望峰をまわって東アフリカへ、さらにインドへ伝えられた。当時、ポルトガルのリスボンとインド西部のマラバル海岸のゴアを結ぶ商業船があったので、この船によって運ばれたのであろう。

そのアフリカやインドの人びとは、ヨーロッパ人とは異なり、古くからメレゲタ・ペッパー(アフリカ原産のショウガ科の香辛料)や胡椒を使った料理になじんでいたため、トウガラシを抵抗感なく受け入れたようだ。また、原産地の中南米に似た熱帯性の気候をもつアフリカやインドではトウガラシの栽培も容易であった。こうして、トウガラシはアフリカでもインドでも人びとの食生活に広く受け入れられていった。ちなみに、インドのトウガラシ利用は有名だが、その周辺のネパールやブータンなどでもトウガラシの利用は半端ではない。これらの国では、トウガラシの収穫時期ともなれば、屋根の上、軒下、そして広場が乾燥中のトウガラシで真っ赤になる光景も珍しくはない(カラー口絵)。

さらに、インドのゴアからは、ポルトガル人だけでなく、ペルシア、アラブ、ヒンドゥー、その他の交易商人たちも加わってインドネシアへ、そして香料諸島として知られるモルッカ諸島へとトウガラシは広められる。そして、モルッカ諸島からはモルッカやパプアの交易人たちによって十六世紀初頭にはニューギニアの北海岸へ、またそこから東方へも伝播してゆく。そして、中国、朝鮮半島にも遅くとも十七世紀中頃までには伝えられたとされる。

極東に位置する日本でトウガラシが知られるようになったのは意外に早く、天文一一（一五四二）年あるいは天文二一（一五五二）年にポルトガル人によってもたらされたとされる。コロンブス一行が西インド諸島で初めて目にしてから、トウガラシは半世紀ほどのあいだに地球を半周して日本に到達したことになる。これは、当時の交通の状況を考えれば驚くべき速さである。そして、寛永二（一六二五）年には江戸・両国の薬研堀《やげんぼり》で七味唐辛子が売られるようになっていた。おそらく、日本ではトウガラシはあまり抵抗感なく受け入れられたのであろう。そのためなのか、江戸時代の前半にはトウガラシは一般の人びとのあいだでも親しまれるようになっていたようだ。そのことは、江戸時代の俳人基角（一六六一―一七〇七）がつくった次の俳句からもうかがえる。

江戸時代、神田明神聖堂の七味唐辛子売り
（『近世商売尽狂歌合』1852より）。

あかとんぼ　はねをとったら　とうがらし

この句を師匠の芭蕉（一六四四―九四）が手を入れ、次のように修正した。

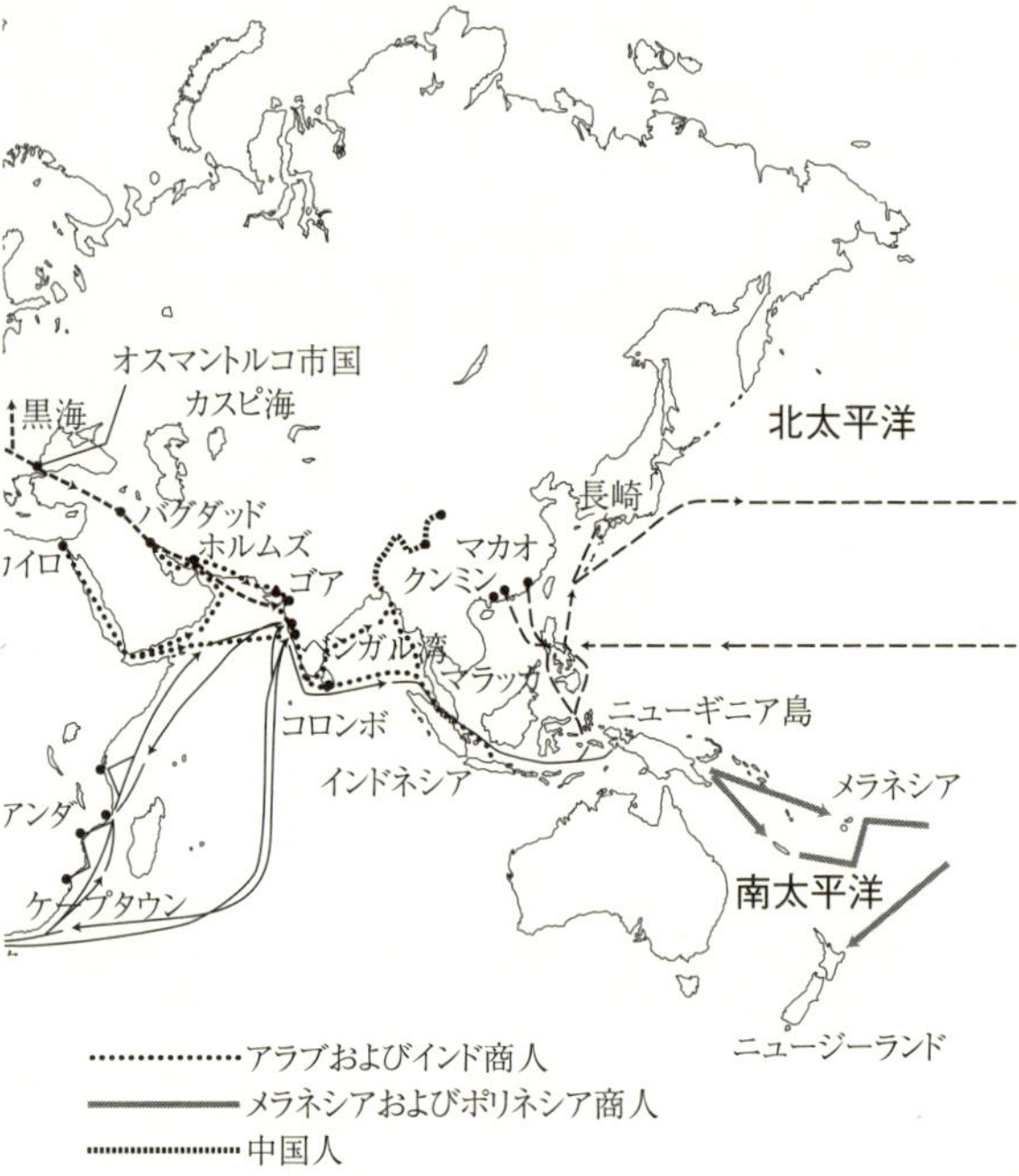

とうがらし　はねをつけたら　あかとんぼ

この二人のやりとりからは、赤トンボといえば赤く細長いトウガラシを連想するほど、当時すでにトウガラシが親しまれていたことがわかる。ただし、世界の食文化に詳しい石毛直道氏（国立民族学博物館名誉教授）によれば、現在のようにウドンに七味トウガラシを加えるようになったのは江戸時代も後半になってからのようだ。最初の頃はウドンではなく、ソウメンにトウガラシを入れて食べてい

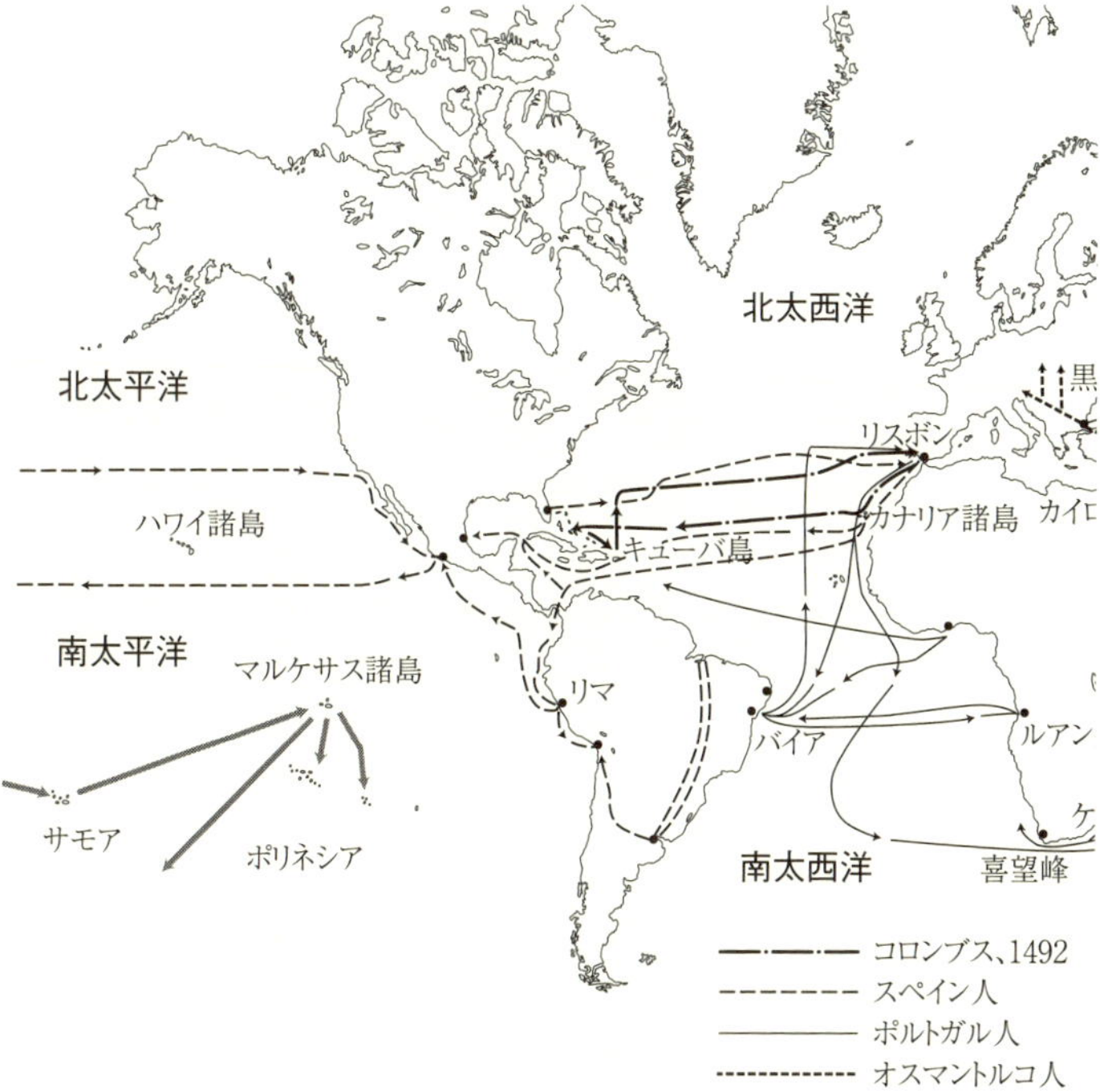

トウガラシの伝播ルート（Andrews 1984を一部改変）

たとされる（佐々木二〇〇九：三二―三三）。

ちなみに、朝鮮半島へは日本からもたらされたとされ、そこでは当初トウガラシにかなりの抵抗感があったようだ。にもかかわらず、その後の朝鮮半島では日本では考えられないほどトウガラシをさかんに利用するようになり、日本と朝鮮半島におけるトウガラシ利用は対照的なものとなった。では、それは何に起因するのであろうか。このあたりの事情については、本書に所収されている「韓国料理とトウガラシ」の項を参照していただきたい。

とにかく、原産地の中南米から旅立ったトウガラシは世界各地で栽培利用されるようになり、それぞれの土地で、新たな地方品種を生み出してゆくことになる。なかには、韓国のキムチやインドのカレーなどのように、トウガラシが在来の香辛料に取って代わったところさえある。その結果、トウガラシは、昔からアフリカやインド、さらには朝鮮半島にあった在来の作物だと一部の人たちに思わせるようになったのだ。このことは、それほどトウガラシが原産地の中南米以外の地域でも広く、そして深く浸透していることを物語る。また、トウガラシは世界各地の食文化のなかで、決して主役ではないが、脇役として欠かせない重要な役割を果たしてきたことも雄弁に物語っているのである。

【参考文献】

アコスタ『新大陸自然文化史』増田義郎訳、岩波書店、一九六六年
インカ・ガルシラーソ・デ・ラ・ベガ　『インカ皇統記　二』牛島信明訳、岩波書店、一九八六年
コロンブス『コロンブス航海誌』林屋栄吉訳、岩波書店、一九七七年
佐々木道雄『キムチの文化史　朝鮮半島のキムチ・日本のキムチ』福村出版、二〇〇九年
チャンカ『コロンブス・アメリゴ・ガマ・バルボア・マゼラン　航海の記録』林屋永吉訳、岩波書店、一九六五年
ランダ『ユカタン事物記』林屋永吉訳、岩波書店、一九八二年
山本紀夫「栽培化とは何か――トウガラシの場合」福井勝義編『講座 自然と人間の共生』雄山閣、六一 - 九三、一九九五年
山本紀夫（編）『世界の食文化　中南米』農文協、二〇〇七年
Andrews,J. *Peppers: The Domesticated Capsicums*. Austin: University of Texas Press , 1984.
Bray, W. From foraging to farming in early Mexico. J.W.S. Megaw (ed.) *Hunters, Gatherers and First Farmers beyond Europe*. Leicenster University Press, 1977.
Heiser,Jr. C.B. Peppers. N.W. Simmonds et al.'eds.)　*Evolution of Crop Plants*, Longman Group Limited, 1976.
Yacovleff, E y F.L. Herra El mundo vegetal de los antiguos peuranos. *Revista del Museo Nacional*(Lima ,Peru) Tomo III(3), 1934.

トウガラシが演出するメキシコ料理

渡辺庸生

はるか昔、先古典期の頃（紀元前二五〇〇～二〇〇〇年）、農耕村落において、すでに栽培されていたとされるトウモロコシとトウガラシ、新大陸古代文明の食文化はこの二つの主役を抜きには語れない。メキシコ料理の要《かなめ》となるトウガラシはスペイン語でチレの総称で呼ばれているが、この言葉は当時のアステカ族の言語ナワトル語のチルリ（chilli）に由来する。その種類は原産国であるメキシコ全土に一〇〇を超える品種が点在し、多様な献立の料理文化を形成している。プレ・イスパニカ（スペイン文化到達以前）に構築された独創的な料理の数々は、一五一九年からのスペイン人上陸以降も、彼らが持ち込んだ食材（タマネギ、ニンニク、豚等）を融合して、いまなお発展を続けているのが現状である。チレには辛さも大事だが、それ以上に重要なのが甘さ、苦さ、香ばしさ、コクや旨味の個性をそれぞれが兼ね備えている点である。調理の際は、野菜としてはもちろん、サルサ（ソース）の材料として焼く、煮る、炙《あぶ》る、焦がす、揚げるなど、さまざまな使われ方がある。トウガラシのおもな種類のパスィージャ（Pasilla）、ウァヒージョ（Guajillo）、アンチョ（Ancho）、ムラート、アルボル、ハラペーニョ、チポトレ、カスカベルなども、前記の調理工程を変えるだけでまるで表情が変わるように、それに

左：鳥肉を使った
アル・アヒージョ。

上右：乾燥して売られている
チレ　ウァヒージョ。
下右：セラーノとアルボル。

応じた持ち味を発揮する。さらにチレの最大の特色は出汁《だし》の要素をもつところにある。和食に例を取ると、昆布や椎茸が干されていい出汁が取れるように、乾燥されたチレ類にも味わい深い旨味が潜んでいる。ましてや燻煙《くんえん》されたチポトレやモラ（モリータ）にいたっては、まるで鰹節《かつおぶし》そのものの深い味と風味を醸《かも》し出す。中世以降、ヨーロッパから全世界に分布されたチレ類の子孫たちは、それぞれの地で各々の姿を変え、その地に馴染むように生き抜いてきたものと推察されるが、生まれ故郷のメキシコの地で数千年にわたり培われたチレの活用の独自性は、他の国々に例を見ない唯一無二の食文化といえるだろう。

＊——アル・アヒージョとチレス・レジェーノス

チレの特色をシンプルにして最大限に引き出した一皿にアル・アヒージョ（Al Ajillo）がある。トウガラシの種類は、おもにパスィージャやウァヒージョが使われるが、調理法は多めに熱した植物油のなかに、ニンニクと適当な大きさに切ったチレを加え、塩で調味しただけのものである。チレと油の相性は抜

右：生のチレ・ボブラノ。
左：チレ・ボブラノを乾燥させたアンチョ。

群で、パスィージャの苦味やウァヒージョの豊潤な旨味が溶け込んだオイルソースが鶏や海老、白身魚などを絶品に仕立て上げる。ちなみに、ニンニクはスペイン語でアホ（ajo）だが、南米のチレをアヒ（aji）と呼ぶので、その両方に掛けた料理名かと思われる。

メキシコ料理発祥の地プエブラの名をつけたチレ・ポブラノ（Chile Poblano）、このトウガラシを干したものはアンチョ（Ancho）、ムラート（Mulato）と名を変え、別個性の旨味を秘めたチレに生まれ変わるが、生のポブラノを使った代表作はチレス・レジェーノス（Chiles Rellenos）であろう。ラードで揚げて表面の薄皮を剥がした後、挽肉やトマト、タマネギなどの野菜、チーズなどを詰め、フリッターにしたものである。伝統料理の店には欠かすことのできない献立だが、家庭料理としても全国に普及しており、各地のメルカード（市場）には、山のようにいくつも積まれて売られていたりする。メキシコ人の大好物の惣菜の一つである。

もう一つ、ポブラノを使った特別料理、それはメキシコ独立記念日（九月一六日）の頃につくられるチレス・エン・ノガダ（Chiles en Nogada）。同じく、生のポブラノに詰め物をしてフリッターにしたものだが、中身は前記の他にバナナ、モモ、リンゴ、木の実、ハム、レーズンなどが加わったもので、皿

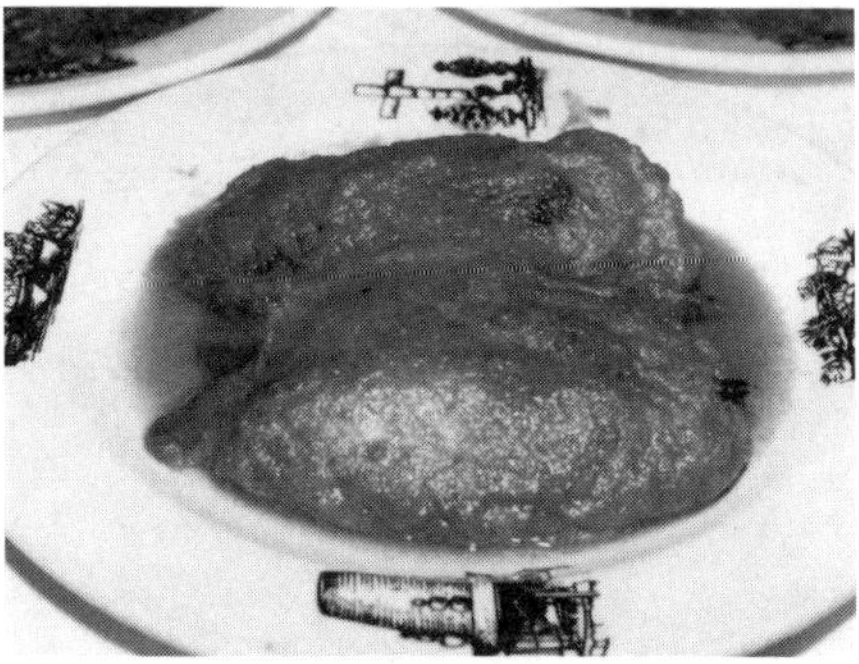

チレス・レジェーノスは、メキシコ国内では、家庭料理として広く食べられている。

に置かれた本体に白い胡桃《クルミ》ソースをかけ、ザクロの実と香菜を散らした豪華絢爛の一品である。白いソースに赤と緑のメキシコ国旗の色をあらわした外観はいかにも鮮やかで、一説によると、一八二一年に勝ち取った独立を祝ってプエブラでつくられたとされている。

＊——バラエティ豊かなサルサの数々

タコスに付随するサルサ（ソース）は、完熟したトマトにセラーノ（Serrano）を加えたサルサ・ベルデ（Salsa Verde）と、赤いトマト、タマネギ、香菜などの野菜に同じくセラーノを刻み込んだサルサ・ロハ（Salsa Roja）の二つが一般的に知られている。後者は国旗の色にちなんでサルサ・メヒカーナとも呼ばれる。前者も含めて、卓上に置かれる生の野菜のトウガラシソースの呼び名もさまざまで、サルサ・デ・チレ（Sala de Chile：トウガラシソース）、サルサ・ピカンテ（Salsa Picante：辛いソース）、サルサ・フレスカ（Salsa Fresca：フレッシュソース）、サルサ・クルーダ（Salsa Cruda：生のソース）といくつもある。

調理に使われるサルサに関しては、各種チレを使ったものがあり、その数は優に一〇〇を超える。そのなかの代表的な一つにサルサ・ランチェラ

ウェボス・ランチェロス
トルティージャの上に目玉焼きをのせ、サルサ・ランチェラを絡めてある。

(Salsa Ranchera) が挙げられる。「農場の」という意味をもつこの言葉の背景には、近代化以前の古くからの生活を連想させ、メキシコ人の郷愁を呼び起こす特別な意味が込められている。卵料理ウェボス・ランチェロス (Huevos Rancheros) は、トルティージャの上に目玉焼きをのせ、このサルサを絡めたもの。たっぷりのトマトの旨味のなかにトウモロコシの香りが漂い、セラーノの味わいが潜んでいる。朝食の定番といえる一品である。

数あるサルサのなかでも万能ソースとして重宝されているのがアンチョやパスィージャの二種類のチレと香味野菜、木の実などを混合させたサルサ・アドボ (Salsa Adobo) である。本来は素材の漬け込み液の意味で、肉類や魚介類に揉《も》み込むサルサとして伝えられてきたが、近代ではサルサ自体がもつ奥深さを駆使して、煮物、炒め物、隠し味などの調理に利用されている。食材に迷うくらい使い勝手のいいサルサだが、豚ロース肉に揉み込んで焼いたステーキ、ロモ・デ・セルド・アドバド (Lomo de Cerdo Adobado) はメキシコ独自の濃厚な味を堪能できる秀逸な一皿である。

＊――マヤの伝統料理の数々

マヤの聖地ユカタン半島、プトゥン・マヤ（マヤ人）の末裔たちが一〇〇

左：苦みと香ばしさが特徴のチルモレで、鶏肉を煮込んだマヤ料理。

右：ユカタン半島の伝統料理、コチニータ・ピビル。ベニノキの実とオレンジ汁で漬け込んだ豚肉をバナナの葉で包んで蒸し焼きにする。

〇年にわたり、いまなお伝承し続けるユカタン料理は、国内でも一線を画している。ピブ（Pib）と呼ばれる地面に掘った穴のなかに焼いた石を入れ、リュウゼツランの葉を敷いた上にバナナの葉で包んだ食材を置き、土をかぶせて蒸し焼きにする独特の技法は、現代でも実践されている。

この地で使われるチレは、アバネロ（Habanero）、わが国でも近来その名（日本ではハバネロ）が浸透してきた激辛の種類である。代表的な鶏肉料理ムクビル・ポージョ（Mukbil Pollo）はアバネロ、トマトで鶏肉を煮込んだ後、マサ（トウモロコシを練った生地）で包み込み、バナナの葉でくるんで、前述のピブで石蒸しにしたもの。ユカタン特産の香味に使われるベニノキの実（アナトシード）、少し苦くて酸味の強いオレンジで漬け込んだ豚肉をやはり同じように調理したコチニータ・ピビル（Cochinita Pibil）も有名だ。

軽く干した豚肉にオレンジを搾って焼いたポック・チュック（Poc Chuc）には、トマト、紫タマネギ、香菜、アバネロ、ラディッシュをオレンジ汁と塩で調味されたサルサ・シュニペック（Salsa Xnipec）が供される。鶏肉や牛肉を、ズッキーニやチャヨーテ瓜、特産の青く硬いバナナなどで長時間煮込んだプチェロ（Puchero）のなかにもアバネロは活躍している。

ユニークなのは、アンチョをほとんど炭に近いくらいに焦がしてトマト、

上：メキシコ料理の最高傑作、モーレソースで煮込んだ鶏肉料理モーレ・ポブラノ。

カボチャの種などでつくられるチルモレ（Chilmole）と名がついたサルサで、腹に挽肉や香味野菜、茹で卵などの詰め物をした七面鳥を煮込んだパボ・エン・レジェーノ（Pavo en Relleno）。なんともダイナミックな一品である。最近は提供できる店も少なくなったが、鹿肉を蒸し焼きにしたツィク・デ・ベナド（Tzic de Venado）や猪のシチュー、サッコル・デ・ハバリ（Sakol de Jabali）も伝統料理だ。アバネロも炭のように焦がした網焼きにするとまるで烈火のごとく熾《おこ》った状態になり、また格別の味わいがある。

＊――メキシコ料理の独創性の象徴サルサ・モーレ

メキシコ料理の極めつけは最高傑作とも賞されるサルサ・モーレ（Salsa Mole）で七面鳥を煮込んだモーレ・デ・ワホロテ（Mole de Guajolote）に尽きるだろう。モーレの語源はナワトル語のモルリ（Molli）に由来しているが、サルサの意である。伝説によると、一五三一年に建設されたプエブラ市のサンタ・ロサ修道院で、尼僧たちが司教のためにいろいろな材料を混ぜ合わせてつくったものが起源だとされている。全国的には発祥の地であるプエブラとオアハカが二大モーレとして支持されているが、プエブラのモーレはアンチョ、パスィージャ、ムラート、チポトレのチレ類を炭で焼いて黒く焦がし、タマネギやニンニク、トマトなどの香味野菜と、ゴマ、ピーナッツ、アーモンド、クルミ、シナモン、干しぶどう、アニス、チョコレートをおもな材料としてすり潰し、ラードで炒め、数時間弱火で煮続けたものである。オアハカのこだわりはチポトレの代わりにチルウァクレ（Chilhuacle）が使われる点にある。甘さ、辛さ、苦さ、香ばしさが一体となったこのサルサは、メキシコ料理の独創性を象徴するものだが、全国に伝えられていくその道程のなかで、各々の地域のチレ類や野菜、木の実の彩りに姿を変え、今やおびただしい数の完結したレシピが存在する。

驚いたことにオアハカには七色のモーレがあり、緑や黄色、赤、黒と七変化したそれらは見事に工夫が凝らされていて、地元に密着したサポテカ族やミシュテカ族の独自性には圧倒されてしまう。それぞれの街を訪ねると、どこのメルカードでも前述のチレ類だけでなく、アルボル（Arbol）やピキン（Piquin）、マンサーノ（Manzano）などといったチレが山積みになって売られていて、悠久の時を経て育まれたこの国のトウガラシ食文化は、一時期スペイン人に支配されたとはいえ、揺らぐことなくその道を歩み続け、インディヘナの食の来歴を築き上げたのである。オルメカ文明に端を発した歴史もしかることながら、大地の恵みを尊び、地域に根ざした民が培ったチレ類への攻略は彼らの誇れる結実の証しといえるだろう。

第2部

胡椒を求めてトウガラシを得る

――ヨーロッパ

庶民から広がるトウガラシ料理―スペイン

立石博高

*――「トウガラシ」のスペインへの伝播

よく知られているように、いまでは世界各地に広まり辛味の素材として不可欠なトウガラシは、スペイン人が新大陸アメリカで発見したものである。コロンブスはその第二回航海（一四九三年）で、エスパニョーラ島では「アヒ」と呼ばれる植物を先住民が食していることを知るが、これを胡椒の一種だと勘違いしたとされる。その後「チレ」も発見されて、スペイン本国に持ち帰られるが、最初の勘違いが祟ってか、もともとスペイン語では胡椒の種《たね》をピミエンタ（pimienta）、植物自体をピミエント（pimiento）と呼んでいたのだが、このアヒやチレもピミエントと呼ぶようになってしまった。さらにややこしいことには、後にさまざまに改良されたもの、つまりピーマンやパプリカ（実）もピミエントと呼ぶのである。もちろんこれから述べるように「辛い」とか「甘い」とか「緑」とか「赤」といった形で区別するが、読み物や料理書ではあまり明示的でないことがあるので要注意だ。「ピーマン」の代わりに「タカノツメ」を入れてしまったら、とんでもない味になるからである。なお、胡椒は依然としてピミエンタ、そしてパプリカ（スパイス）はスペイン語ではピメントン（pimentón）というので、料理でまちがえることはないようだ。

さて新大陸でアヒとかチレとか呼ばれていたトウガラシは、当時高嶺の花であった胡椒とちがってよく環境に順応して、十六世紀半ば頃にはスペインのいたるところで栽培されるようになったようだ。ニコラス・モナルデスは、トウガラシが「庭園でも菜園でも植木鉢でも」栽培されていて、その辛さに応じて、生のままでも焼いても食され、広く料理の味付けに使われ、さらに観賞用にも用いられていたと記している（『西インディアスからもたらされたものを論じる書』、一五六五年）。

タカノツメ（ピミエント・ピカンテ、ギンディーリャとも）が料理の辛味付けに使われるようになったことは、スペイン黄金世紀の文学作品からもうかがえる。セルバンテスの短篇『リンコネーテとコルタディーリョ』には、ピカロ（悪漢）たちの饗宴に「タカノツメ入りのケーパー・ピクルスを添えた大量のカニ」が出されている。いまでも、ケーパーのピクルスをつくるには、辛味と防腐のためにタカノツメが使われている。さらにロペ・デ・ベガの戯曲『カンピーリョの仕立屋』には、肉のほとんど入らない庶民の煮込み料理（コシード）として、「少しのトシーノ（豚脂身の塩漬け）とキャベツ、それに幾百倍もの辛味を与える四本から六本のタカノツメを入れる」と記されている。

料理書のなかには、パプリカ（スパイス）はオスマントルコ軍がハンガリーに持ち込んだもので、ハンガリー料理には欠かせない存在になったとするものもある。だが、この起源はスペインにあるというのが、スペイン食文化史家の立場である。もともとは、コロンブスのアメリカ大陸「発見」を後援したカトリック両王が、スペイン内陸部のグアダルーペ修道院の聖母マリアにトウガラシを奉納したのが始まりだという。このヒエロニムス会修道僧たちは各地に点在する同会修道院にこの植物をもたらしたが、エストレマドゥーラ地方のユステ修道院では、トウガラシをカシの薪《まき》のかまどで乾燥させ、石臼で粉末にすることを思いついた。保存のできるスパイスとなったパプリカは、豚の畜殺（マタンサ）の際につくるチョリーソ（腸詰）やロモ（背肉のハム）の着色と保存のために使われるようになったのである。

メルカードで売られるさまざまなトウガラシ

　こうしてスペインでトウガラシは、ヨーロッパのなかでも比較的早くに食文化のなかで馴染みのあるものになっている。十八世紀にスペインを旅行したフランスのブルゴワン男爵は次のように記している。「スペイン人は、胡椒、トマトソース、辛いパプリカといった強い調味料が好きである。とくにパプリカは、ほとんどすべての料理の色付けと味付けに用いられている。」だが、味付けにはニンニクやオリーブ油などをおもに用いるスペイン料理では、アジアに見られるような過度の辛味は好まれなかったようである。つい最近にいたるまで、トウガラシの強い辛さを味わえるのは、ピカンテ（辛い）という形容詞のついたチョリーソ、バル（立ち飲み居酒屋）で供されるピクルスに入ったトウガラシ、そしてオリーブオイルで揚げて塩をふりかけただけのシシトウガラシぐらいであった。これは、生ビールのつまみとして絶品だが、激辛には程遠い。偶然にとりわけ辛いものが混じっていて、それを食べた者をまわりの連中が笑うという程度のものだ。

もっともグローバル化の進むなか、スペイン人の食生活や嗜好が大きく変化しているのも事実である。筆者は二〇〇九年一一月にバルセローナを訪れたが、市内のメルカード（市場）の野菜売り場に、ハバネロなどのひどく辛いトウガラシが並べられていたのを見て驚きを禁じえなかった。

＊――さまざまな「ピミエント」

グローバル化のなかで、世界のいたるところで食材や料理は同じようなものになってきている。その点には踏み込まずに、残る紙数ではトウガラシを含めてスペインの伝統的な「ピミエント」について紹介しておきたい。

ヨーロッパの多くの国がそうだが、スペインでも「原産地呼称」という制度が取り入れられて、地方色豊かな産物が保護され、その品質が保証されている。もちろんワインのそれが有名なのだが、ピミエントと総称されるかたちでトウガラシとその変種、つまりシシトウガラシ、ピーマン、パプリカ（実）についても、九つの生産地が農業省からこの指定を受けている。それらは大きく分けて、北西部（ガリシア）に四カ所、北部（バスク、リオハ、ナバーラ）に三カ所、中央部（カスティーリャ・イ・レオン）に二カ所となっている。

北西部のものはほぼシシトウガラシに当たるもので、青いうちに収穫したものがそのまま市場に出される場合が多い。なかでも有名なのがエルボン地区のもので、「ピミエント・デ・パドロン」として定評がある。十七世紀にフランチェスコ会修道士がエルボン修道院に種《たね》を持ち込んだのが起こりだという。もっともおいしいとされる食べ方は、そのままオリーブオイルで揚げて塩を振りかけただけのもので、レストランでは一皿目の料理として山盛りにして出される（カラー口絵）。普通はもりもり食べられるが、なかにひどく辛いものもあってそれも一つの楽しみとなっている。ガリシアには「ピミエント・デ・パドロンには、辛いものもそうでないものもある」という、世の中には当たり外れがあることを指す諺がある。

北部のバスクの「ピミエント・デ・ゲルニカ」も青いものを揚げて食べるのが絶品だが、ガリシアのものよりも辛味がある。ナバーラとリオハのものは赤く熟したトウガラシで、いずれも多くが缶詰や瓶詰にして出荷されている。なかでもナバーラのものは「ピキーリョ・デ・ロドーサ」と呼ばれて人気があり、ツナをなかに詰めた料理がとくに有名である。中央部のものはほとんど辛味がなくて肉厚で、さまざまな料理に使われるが、早くから缶詰加工をしてきたことで知られている。ビエルソで加工工場が建てられたのが一八一八年で、一九〇〇年のパリ万博に出展して評判を取ったという。レオン県のポンフェラーダの町には、最初に「ピミエントを焼いて皮むきをした四人の女性たち」を讃える銅像が建てられている。

スペインではピミエントを乾燥させるというやり方で長期保存を可能にしているが、これには辛い「ピミエント・チョリセーロ」と甘い「ニョラ」の二種類がある。ちょうど干し柿のようにひとつなぎにして自然乾燥させ、市場でも吊るして売られている。「チョリセーロ」という言葉はチョリーソ（腸詰）の形を連想させることから来たと思われるが、赤いトウガラシを乾燥させたもので、使う前には水に数時間浸して、種を取り除いてさまざまな料理の味付けに使われる。このピリッとした辛味は、とくにビスカーヤ風タラ料理には不可欠のものである。「ニョラ」は、もともとは円い形の球トウガラシ（丸い赤ピーマンといったほうがよいか）を乾燥させたもので、ムルシアからレバンテ地方にかけて、煮付けなどの料理に広く使われる。こちらはまったく辛くなくて、料理に独特の風味と赤い色を与えてくれる。「ニョラはチョリセーロの代わりにはならない」という諺があるが、似たものでもまったく別ものという意味がよくわかる。料理の際は、まちえないように気をつけよう。

＊――スペイン料理とパプリカ

日本でパプリカとして出回っている赤や黄色や橙色の肉厚で辛味のないものは、スペイン語では「モロン」と呼ばれ調理して食されていたが、グローバル化のなか、スペイン料理でも生でサラダなどにも用いられるようになっている。だがこれと本来のスパイスのパプリカ、つまりピメントンとは別物である。最初に述べたように、新大陸から到来したトウガラシは胡椒に代わる庶民の調味料および保存料として着目され、ヒエロニムス会の修道士たちがそれを粉にすることを思いついた。ユステ修道院のあるラ・ベラ地区はいまでもパプリカ用トウガラシの生産を誇っていて、その製品「ピメントン・デ・ラ・ベラ」は香辛料「原産地呼称」をもって品質が保証されている。かまどを使った燻煙乾燥で醸し出される独特の風味と強い赤味によって、このパプリカは海外への輸出品にもなっている。最近では伝統的なピカンテ（辛いパウダー）の他にドゥルセ（甘いパウダー）も「ラ・ベラ」の商標で売られている。

スペインの香辛料で原産地呼称を受けているのは、この「ピメントン・デ・ラ・ベラ」の他に二つある。一つはマンチャ地方のサフランで、パエーリャ（スペイン風炊き込みご飯）に独特の色と香りをもたらす。もう一つはスペイン南東部のムルシア地方の「ピメントン・デ・ムルシア」である。これは先ほど述べた乾燥トウガ

上段左：スーパーに陳列されたトウガラシの缶詰め・瓶詰め。

中段左：ピミエント・チョリセーロ。乾物屋に吊るされた乾燥トウガラシで、この状態で売られている。

中段右：缶入りの甘いパプリカと辛いパプリカ。

下段右：スーパーに並べられたチョリーソ。

ラシ「ニョラ」になる球トウガラシをやはり日干しにしてから粉末にしたもので、甘さと香りと赤色に特徴があり、スペインの地中海料理に広く使われる。この球トウガラシも、ヒエロニムス会のニョラ修道院で栽培され工夫されたというから、スペインのパプリカは修道士たちの旺盛な嗜好のたまものといえる。

原産地呼称制度などのおかげでスペインでは食の安全が保障されているが、かつては粉末パプリカはもっとも怪しげな商品であった。最初は「赤い金」とさえ呼ばれて大切にされたが、胡椒とちがって庶民にも手の届く香辛料として広く市場に出回ると、まがいものがつくられるのも世の常か、小麦粉やふすまからおがくず、重晶石までさまざまなものが混ぜられるようになってしまったのである。二十世紀初めになると食品の混ぜ物を取り締まる法律ができた。その一つが一九〇二年王令で、「パプリカへの他のいかなるものの混入も、たとえそれが健康に害を及ぼさないとしても、違法であり、……廃棄される」と謳っている。海外を旅行すると、とても安い値段でサフランやパプリカが露天で売られていることがあるが、十分に注意をする必要がある。

さて、辛いパプリカの利用として特筆すべきはチョリーソ（腸詰）である。日本では辛くしたウィンナーやサラミの類をチョリーソと称して売っている場合があるが、まったくの別物だ。挽かないで細かく刻んだ豚の肉や脂身に塩を混ぜて、ニンニクやパプリカなどの香辛料を加えて腸詰めにして干したものがチョリーソで、何よりもその特徴はパプリカの風味と辛さである。もっともピカンテとわざわざ謳っていないものならば激しい辛さはない。そのままスライスして食べてもよし、軽く焼いて食べてもよし、ヒヨコマメやレンズマメといっしょに煮込んでもよし、と日常料理の具材としてスペインではふんだんに使われている。日本ではデパートなど限られたところでしか手に入らず、しかも高価なのが残念だ。

＊――隠し味のトウガラシ

日本でも沖縄では泡盛にトウガラシを漬けておいて、ソバや炒め物にかけて風味を添える調味料（こーれーぐーす）があるが、同じようなことがスペインでも行なわれている。タカノツメはギンディーリャと呼ばれて他のトウガラシの類と区別されるが、このギンディーリャをお酢、アルコール（ほぼ四〇％以上の度数のもの）、そしてオリーブ油に漬けておいて調味料として使う。お酢の場合には、月桂樹の葉やさまざまなハーブを入れてその風味を楽しむことも多い。スーパーでも出来合いのものを売っているが（カラー口絵）、わが家の隠し味をつくって楽しむ人も多いと聞く。ちなみにわが家でもハバネロでこうした味を楽しんでいる。

貧者のスープと「未来派料理宣言」——イタリアのトウガラシ

池上俊一

＊——カラブリアで赤い食卓と出会う

もう一〇年ほど前になるだろうか、南イタリアのカラブリア地方——長靴型のイタリア半島の爪先に当たる部分——を旅したことがある。十二世紀末に千年王国説を唱え、後世に絶大な影響を及ぼした修道院長フィオーレのヨアキムが、シーラ山脈の山間の高原に建てた修道院Abbazia Florenseを訪れるためであった。まずカラブリアの主邑の一つコゼンツァに行き、そこから一日一往復しかないような二両列車に乗り込んだ。叢林の合間を渓流が潺々と流れる光景を窓外に眺めながら、目指す目的地サン・ジョヴァンニ・イン・フィオーレに到着、はやる気持ちを抑えて修道院に辿り着いたときの感激は、忘れがたい。

カラブリアは治安が悪いという噂を聞いていたので、びくびくしながら訪問したのだが、実際、コゼンツァ駅では機関銃を持った憲兵が警備に当たっていたし、町には荒廃したような地区もあって、背筋に冷気が走った。だがそれも最初の一～二日だけのことだった。どこに行っても人々は至極親切だったし、とくに見晴らしのよい高台の町カタンツァーロは、洒落た商業都市の赴きもあり、カンノーリをはじめとするお菓子がまた絶品で、すっかり気に入ってしまった。

しかし食事については、お菓子の美味しさ以外に、驚いたことが一つある。コゼンツァでもカタンツァーロでも、リストランテやトラットリーアで出される食事が、すべて、徹頭徹尾、トウガラシに赤く染まっていたことだ。それこそ、前菜のサラミから始まり、パスタ、サラダ、そして、魚のスープ、肉や内臓の煮込み料理まで、ここは韓国ではないのか、と疑いたくなるくらい、トウガラシが効いていた。後で調べたところ、カラブリアは、イタリアのなかでもトウガラシの生産・消費が際だって多い地域であり、トウガラシは、カラブリア人の生活・習俗と切り離せないということがわかった。

今更言うまでもなく、トウガラシはアメリカ大陸が原産であり、コロンブスの新大陸「発見」後、スペイン人とポルトガル人によって、旧大陸へともたらされた。スペインからトルコまで、地中海諸国とバルカン諸国、さらには北アフリカ、アジア全域にまで広まるのに、さほど時間はかからなかった。栄養価や生理学的な効用は未定の段階で、あるいは実際にも副次的にすぎないのに、トウガラシがかくも広まったのは、それが多くの料理に適合し、見栄えもきわめてよいからだろう。環境に簡単に適応して変化し、多くの場所で生育するし、色も形態も辛さの度合いも豊富な種類を誇るトウガラシは、世界中で古い料理を刷新するとともに、新しい料理の創造にも寄与したのである。

＊——農民・民衆を惹きつけた色

トウガラシは、ヨーロッパにおいては、地中海地方でその特権的な享受の場所を見出した。地中海の真ん中にある国イタリアでトウガラシが広まり始めたのは、十六世紀末〜十七世紀初頭である。まず最初は、種《たね》と粉々に擂《す》り潰した皮を小麦粉と混ぜ、トウガラシ入りパンやパスタをつくる、という具合であった。また一七〇五年には、イエズス会士のコッレージョの料理人にして「食料買い出し係」でもあったフランチェスコ・ガウデンティオが、トウガラシは（肉・内臓入りの）シチュー、煮込み料理によいと勧めた書物を書き、それがきっかけとなって、イタリア中で、広く栽培、消費されるようになる。

ところで、イタリア料理はフランス料理とは異なって、そのベースを創るのは、つねに農民であり民衆であった。貧しいながらも、彼らはそれなりに美味しいものを、そして、激しい肉体労働を支える滋養豊かな料理を、貴族や上層市民が当初見向きもしなかった安価な素材を工夫しながら創っていった。その経験の蓄積が、イタリア料理の基礎を成しているのである。豆類や野菜類がそうだし、チーズやパスタもそうである。彼らには、新来の食材を積極的に試してみる冒険心もあった。こうしてトマトやジャガイモやインゲンマメやカボチャが、イタリア料理に採り入れられた。今日、それなしでは考えられないイタリア料理を構成する常連食材たちは、農民・民衆料理にまず登場し、やがて貴族やブルジョワたちにまで広まっていったのである。

トウガラシ（とピーマン）もそのとおりで、もともとはどちらかというと民衆たちのあいだに広まっていった。彼らは、日常の単純な野菜・豆料理の味気なさを改善し、より美味しくするために、安く手に入るこの新食材を利用してみたのである。鮮烈な赤色も魅力であった。「赤」というのは、貧者には手の届かない憧れの食材たるワインや肉の色と近かったため、毎日黒パンや野菜類のみを食べていた民衆は、その「赤」に夢を見たのであろう。

だが、貴族らには、当初、これは、ピリピリする辛さといい、毒々しい赤色といい、危険だと感じられ、嫌悪を催させた。ところが、ナポリでヴィンチェンツォ・コッラード（一七三四～一八三六）やイッポリト・カヴァルカンティ（一七八七～一八六〇）らの料理人・料理研究家がトウガラシを使ったレシピを考案・紹介すると、事情は変化し始めた。つまり、当時両シチリア王国の首都であったナポリのヨーロッパ食文化における威信は高く、この二人の料理人の料理書が、イタリア中の貴族・ブルジョワらにも影響を与えたのであった。

しかしほんとうにイタリア全域にトウガラシが浸透するのは、さらに一世紀近く経ってからであった。その弾みを与えたのは「未来派」だった。未来派とは、二十世紀初頭、統一間もないイタリアで、フランスの芸術動向の影響を受けながら生まれた前衛芸術運動である。スピードとダイナミズムに憧れ、都市生活、機械文明を礼讃するフィリッポ・トンマーゾ・マリネッティ（一八七六～一九四四）の呼び掛けに、当時の若い芸術家たちが多数賛同し、宣言をいくつも発表した。宣言は、文学から始まり、絵画、建築、彫刻、音楽、写真、演劇、映画、ファッションそして料理と、文化・生活全般に拡張していった。その「未来派料理宣言」では、彼らはパスタを消化が悪く身心の健康を損ねる鈍重な食物だと貶《おとし》めたが、その一方で、トウガラシを未来にふさわしい食材と持ち上げたのだ。

一九三一年三月八日夜に、マリネッティのイニシャチブでTaverna Santopalato（聖味覚食堂）がオープンしたとき、トリノで開かれた最初の未来派正餐会の前菜の主要構成要素として、トウガラシが採用された。つまり、小さな丸籠型に刳り抜かれたオレンジに、サラミ、バター、酢漬け茸、アンチョビーとともに、緑トウガラシを入れたのである。とてもずっと残るような立派なレシピではなかったが、イタリアのあらゆる階層の者たちに、トウガラシを広めた宣伝効果があり、その功績は認めねばなるまい。

こうして、二十世紀半ば以降には、イタリア中にトウガラシが広まっていった。野菜、パン、肉料理と合わせられるだけではない。肉や下ごしらえした料理・調理済み食品の保存には、家庭でも商品用としてもトウガラシが使われるようになる。ナス、茸、オリーブ、トマトはしばしば「オリーブ油とトウガラシ」に漬けて保存される。またソーセージやサラミがトウガラシなしでつくられる地域は、イタリアにはほとんどなくなろう。

*——南イタリアのトウガラシ料理

イタリア中に広まったといっても、地方によりトウガラシの運命は異なったことも見落としてはなるまい。とくにトウガラシへの愛好が著しく広く栽培されているのは南イタリアであり、北はさほどでもない。だが、北方でもトウガラシ好きな地域はあるし、ふだんあまり使わない地域でも、料理によっては多用することももちろんある。逆に、南イタリアにおいても、トウガラシがほとんど栽培されず、料理にもまれにしか使われない地域もあるので、一般化はできない。トウガラシにかぎらないが、イタリアには、ミクロな食文化地理があるのである。地域主義の面目躍如といったところだろうか。

私が、イタリアのトウガラシについて多くを学ばせてもらったヴィート・テーティの『トウガラシの歴史——地中海諸文化の主役』(二〇〇七年)によると、トレンティーノ=アルト=アディジェ地方やフリウリ=ヴェネツィア=ジュリア地方などでは、トウガラシはとりわけ「グーラシュ」つまりオーストリア人らによってもたらされた、牛肉と野菜の非常に辛いシチューに使われている。トスカーナ地方では、ティレニア海沿いのマレンマ特産の「アクアコッタ」が典型的なトウガラシ料理だ。それは、有名な「貧者のスープ」であるが、タマネギ・セロリ・トマトを軽く炒め、トウガラシの香りを付けた水で薄めたものをベースにしており、堅くなった自家製パンの切れ端とともに出して食べる。イタリアでは、他の多くの地方にも、トウガラシを使った「辛い料理」がひとつふたつは、必ずある。

イタリア諸州のなかでも、ことのほかトウガラシに惹きつけられたのは、アブルッツォ、モリーゼ、プーリア、バジリカータ、カラブリアであり、これらの州では、調味料として、主菜として、トウガラシ（ピーマン）が広まった。バジリカータとカラブリアで栽培される何種類かのトウガラシは、ヨーロッパでも最良のものとされていて、両地方の経済・通商でも重きをなしている。しかし、イタリアのトウガラシ生産・消費の「地図」は、そのときどきの流行によって、また工業製品の流入や宣伝の効果もあって、刻々と変わっていることも確かだ。

他の国でもそうだろうが、イタリアでは、トウガラシは健康増進・病気治癒の効能がある医薬とも看做されてきた。これは見栄えがよく、食べても心地よい刺激になって、懦弱《だじゃく》な人間に活力を与えてくれる。だから「トウガラシ好きは医者いらず」「トウガラシは万病を癒す」というような、言い伝え・諺が各地にあるのだ。もちろん、迷信もある。たとえばアブルッツォの農民は、邪視《じゃし》防ぎのために、蹄鉄といっしょに数珠つなぎにしたトウガラシ、あるいは角状の二本のトウガラシを、家のドアの後ろに置いておく習慣があったという。

南部諸州のなかでも、随一のトウガラシ消費州であり、トウガラシがその住民と切っても切れない深い関係にあるのが、カラブリアである。比較的長い近代の歴史の過程で、トウガラシは、他の調味料や香辛料をまったく圧倒して、当地域住民の味覚と感性を征服していった。トウガラシの侵入で、カラブリア料理体系が大きく変わってしまったといっても過言ではない。ここでは、塩漬け肉・豚肉加工食品が大量のトウガラシとともに料理されるだけではなく、それはあらゆる種類のスープ、ラグー、パスタの味付け、干鱈のトマトソース煮ジャガイモ添えなどに、控え目にあるいは大量に使われ、またトマトソースやペーストの代わりに、トウガラシ主体のソース・ペーストが利用されている。

一〇年前の私のカラブリア探訪で、どの料理を注文しても真っ赤なものが出てきて一驚したのも、道理である。まだお目にかかったことはないのだが、当地には、トウガラシ入りレモン・ジェラートの他、トウガラシと、チョコレートやムース、リコッタチーズや蜂蜜、ジャムとの結び付きも工夫され、旅行客を惹きつけているそうだ。今度行ったときには、是非、食べてみたいものである。

カラブリア地方で、トウガラシを利用したもっとも代表的な料理を挙げるとすれば、次の三つに止めを刺す。「ンドゥイヤ」と「サルデッラ」と「モルゼッロ」である。

ンドゥイヤと呼ばれるのは、フランスのアンドゥイユつまり腸詰めなのだが、まさにトウガラシと不可分に生まれた製品である。もともとカラブリアのなかでもスピリンガ地区を中心につくられてきた。つくり方は以下のとおり――

肉をトウガラシとともに挽き、木の捏《こ》ね器のなかで塩を振り混ぜ、塩が溶けて綺麗な赤色になるまで数時間寝かす。それから八〇センチくらいの長さの腸に詰め、それを吊して煙でいぶせば出来上がり。

次にサルデッラというのは、クルコリやカリアティやで有名になったものだが、他のイオニア海、ティレニア海岸の町村でもつくられる。別の名前で知られている地域もある。これはアンチョビー・鰯の稚魚（つまり生のシラス）を塩・トウガラシと野生の茴香《ういきょう》に漬け込んでつくられる、柔らかでデリケートなしかし辛い食べ物である。大地と海の食材のアマルガムとして、まさにこの地域のエンブレムとなっている。このサルデッラつくりには、女性が深くかかわっている。漁民の妻や親族の女性がサルデッラ漁に儀礼的に参加し、長い網を引っ張る手伝いをする習慣が古くからあるのである。また彼女らは、大量の獲物を小箱に入れて、家々を回って売る役目も果たした。かつては、サルデッラは、スパゲッティーなどのパスタに入れられたり、タマネギとトマトとともにパンに載せて食べたりしたが、今日ではフライド・ポテトの味付けに使う他、多彩な料理に利用されている。

カタンツァーロで有名なのは、匂いも見栄えもよいモルゼッロ（ムルセッドゥ）である。これは二十世紀初頭にはすでに非常に有名な料理であった。要するにトウガラシを効かせたトマト味のトリッパの煮込みなのだが、カタンツァーロ人はモルゼッロのつくり手にして常食者として名を馳せている。多くのヴァリエーションがあるが、たとえば、代表的なレシピを挙げてみれば――

子牛の内臓を洗って湯通しする。その作業が終わりにさしかかった頃、鍋にたっぷりオリーブ油を注ぎ、そこに内臓を少しずつ入れていく。さらに塩、オレガノ、ローリエ、細切りにしたトウガラシを加えていき、数分炒めて、その後、全部を覆うくらい水を注ぐ。沸騰し始めたら、濃縮トマトを加え、とろ火で一時間三〇分くらい煮詰める。スープがちょうどよい具合に濃縮されたら出来上がり。

かように、あらゆる料理にトウガラシがふんだんに使われて、それを日常、食しているのがカラブリア人であるのだが、トウガラシはこの地方の料理の定番というにとどまらない。多くのカラブリア人の男たちは、その階層・職業の如何を問わず、マニアックで憂鬱症的なトウガラシ中毒ではないか、と思われるほどである。かつてカラブリアの多くの民は、飢えに苦しみ、いつかよき日々がやって来るのを待ち望んでいた。トウガラシ愛好は、そうした悲惨な歴史と結びついている。農民や労働者がマラリア熱にかかって医学が無力なときに、トウガラシを摂取すれば、疲れて衰弱した体に、一時的にもせよ熱とエネルギーが湧き戻って来たような感じがあり、安心することもあったろう。カラブリア人は昔から、憎しみでも愛でも極端に走り、動揺常なく、多幸症または憂鬱症、元気溌剌ないし陰気、しばしばメランコリーに沈みがちだった。こうした不安定な精神状態の者に、一時的にせよ、トウガラシは確かに効果があった。まるでタバコか、いや麻薬のような作用だろうか。

トウガラシの粉を携えて旅をし、異郷で暮らすカラブリア人は数多い。故郷のよき思い出をトウガラシに込めて、「お守り」のように、肌身離さず持ち運ぶのである。テーティによると、今日なおあちこちで、医者、教師、日雇い労働者、農民らがポケットからトウガラシを取り出す光景が見られるのだという。喜悦し、トウガラシを見せびらかすカラブリア人。

＊——「トウガラシはありますか？」

レストランで味気ない料理（と思われる）が出てきたときに、ボーイに「新鮮で辛いトウガラシはありますか」

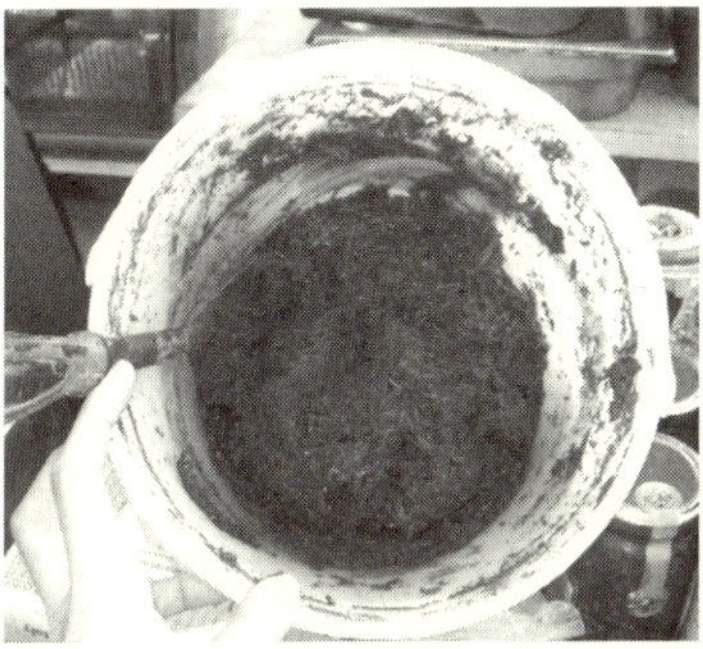

上段左：サルデッラ。アンチョビーを漬けこんだペースト。スパゲッティーやパスタなど、多彩な料理の味付けに使う（提供：八坂　歩）。

中段右：モルゼッロ。トウガラシを効かせたトマト味の内臓の煮込み（提供：八坂　歩）。

中段左：ンドゥイヤ　トウガラシと塩でこねてつくった腸詰め（提供：八坂　歩）。

下段：イタリア、カンポ ディ。フィオーリ広場の市場。イタリアでも露店の市場は少なくなってしまった（提供：八坂　歩）。

と尋ねるのは、かならずカラブリア人だ。アメリカやカナダへのカラブリア人移民も、宴会に参列するときに、テーブルに着く前にトウガラシがあるか尋ねるのだという。それは食べ物に美味しさ・香り・張りを与えるだけでなく、ワインともども、お喋りに花を咲かすのを助け、悦びと幸福感をもたらしてくれると、彼らは信じているのである。

こうした、トウガラシとカラブリア人との不可分な関係は、悠久の昔に遡ると思われがちで、カラブリア人自身、そう信じているようだが、もちろんそうではない。トウガラシを多用した、「カラブリア料理」と今日称されているのは、最近の発明にすぎない。だが、トウガラシへの信仰に近い愛着は、ずっと昔の記憶・実践・慣習を、それがたとい時代錯誤であっても、留めているのは確かだし、その思い込みが、近代のカラブリア人の力になってきたのならば、伝統的な典型料理という固定観念を、歴史的なまちがいとして頭ごなしに否定しなくてもよいだろう。

だが、テーティが指摘するように、最近では、カラブリアとトウガラシの関係が、下等なカラブリア性の寓意・象徴に堕しつつある。伝統的なカラブリア料理は、ダイナミックで開かれた、複雑な歴史を誇っていた。その豊かな可能性が、最近では単一のスローガン（トウガラシの地！）とともに画一化、陳腐化してしまう危険が、増大してきたのである。

こうした食のフォークロア化は、マクドナルドを首魁《しゅかい》とするファーストフードの席巻による食の画一化とともに、グローバル化する世界の食事情共通の難点であろう。しかしそれを乗り越える叡智が、スローフード運動発祥の地、イタリアにはあると思うし、南イタリアを愛する私としては、心よりそう願いたい。

パプリカ、辛くないトウガラシ⁉――ハンガリー

渡邊昭子

＊――パプリカ味の煮物とシチュー

ハンガリーのパプリカ料理といえば、グヤーシュ、ペルケルト、パプリカーシュという煮込み料理が代表的だろう。この三種、昔はほぼ同じ料理を意味していたが、いまは区別して使われることが多い。ラードでタマネギを炒め、肉とたっぷりのパプリカパウダーを入れてじっくりと煮たものがペルケルトで、これはシチューに近い。牛や羊の肉を使うことが多いが、豚や鶏でもつくるし、猪や鹿でもいける。

グヤーシュという言葉はパプリカ味の煮込みの総称にも使われるが、レストランのメニューではスープの欄にグヤーシュスープとして登場する。ペルケルトに水とジャガイモとニンジンを加えて火が通るまで煮たのがグヤーシュスープ。小麦粉を卵でこねて小さな粒にしたチペトケを最後に加えることもある。グヤーシュスープには牛肉を使うことが多い。グヤとは放し飼いにされた牛の群れのことで、グヤーシュは牛飼いのこと。野外で火をおこしてボグラーチと呼ばれる鍋でつくれば「牛飼いのスープ」という雰囲気が出る。

パプリカーシュというと、小麦粉を溶いたサワークリームをペルケルトの仕上げに加えたものをさすことが

多い。骨付きの鶏肉を使ったパプリカ・チキン（チルケパプリカーシュ、パプリカーシュ・チルケ）は定番料理の一つ。ジャガイモのパプリカーシュ、きのこのパプリカーシュ、魚のパプリカーシュなど、パプリカ味で煮込めばパプリカーシュである。それぞれ、タマネギやサワークリームを入れるか、またニンニクやトマトや赤ワインや各種の香辛料を使うかどうかは、個人差も地域差もあるのでこれ以上深入りするのはやめておこう。ドイツやチェコなどハンガリー国外では、グヤーシュから転じて現地化したグラシュという名前で、ペルケルトやパプリカーシュに近いシチューが出てくるからややこしい。とはいえ、味も現地化され、ハンガリーほどパプリカが利いていないし赤くもない。

パプリカの利いた真っ赤なハンガリー料理は、見た目に反してあまり辛くない。辛くしたい人には別皿でトウガラシが出てくる。なければお店の人に頼もう。乾燥したトウガラシが丸ごと出てくることもあるし、刻んだ生の辛いものやペーストが出ることもある。丸ごと出されたら砕いて好きなだけ入れよう。くれぐれもその手で目を掻いたりしないように。

＊——「とうがらし野郎」とトルコ胡椒

日本でパプリカというと辛くないパプリカパウダーや生のパプリカをさすけれども、ハンガリーではこの「甘い」パプリカはもちろん、辛いトウガラシの粉もパプリカだし、辛い生のトウガラシもすべてパプリカと呼ぶ。

パプリカの語源はギリシア語=ラテン語のpeperi - piperつまり胡椒だと言われる。それに南スラヴ語の指小

グヤーシュスープ

牛肉のペルケルトと
パプリカのピクルス

パプリカのペースト「甘いアンナ」と
「強い（辛い）ピシュタ」

辞-kaがついてpaprikaとなったという。ブルガリア語ではピペルカ、セルビア・クロアチア語ではパプリカ。だとすると、ハンガリー語にはセルビア・クロアチア語から入ってきたと考えるのがよさそうだ。現在のハンガリーの領域内で最初にパプリカという言葉が記録に現れるのは十八世紀初頭のことである。いまのセルビア国境近くの地域の課税台帳に、パプリカ・イシュトヴァーンという名前の農民が登場する。パプリカが姓である。

パプリカという名で連想するのがパプリカ・ヤンチ。おどけた顔に赤い服と帽子という人形劇の道化役である。バルトークのミクロコスモス一三九番の曲名になっていて、「道化師」や「ピエロ」と訳される場合が多いが、「とうがらし野郎」という名訳もある。

トウガラシは二方向からハンガリーにやってきたらしい。最初は西方から。すでに十六世紀に植物収集家のネットワークを伝わってきている。カプシクムは「インド胡椒」「トルコ胡椒」「赤いトルコ胡椒」などと呼ばれ、珍しい植物として大貴族や知識人に観賞された。

食用としての普及は南から。オスマン帝国経由と言われる。伝説によれば、ハーレムで庭師が育てるのを観察していたハンガリー娘が、自由の身になって故郷の村にもたらしたとも言われるが、確たる証拠はない。栽培されている様子が史料に現れるのは十八世紀前半である。地方誌を著したベールによれば、「平原地域」で「ハンガリー胡椒」が栽培されているという。「ハンガリー胡椒はとても辛く、目に入ると失明するほどである。このために多くの人は批判するが、それでも広く使用され、ハンガリー人以上に食べ物をこれで味付けする者はいない。無駄である。コットナの胡椒がなければ、手元にあるものが一番である」。十八世紀後半に書かれた園芸書には、「トルコ胡椒、パプリカ、庭胡椒、(中略)これは庭の畑でつくられ、農民たちは赤く長い実を粉にして、それで食べ物に胡椒味をつける」と記されている。十八世紀までには、ハンガリー平原の農民たちが、胡椒の代用品としてトウガラシを栽培して好んで食べるようになっていたことがわかる。ナージに「ヨーロッパで最初に唐辛子を暖かく迎え入れた国」と書かれた所以だろう。

十八世紀末、ドレスデン出身の植物学・昆虫学・鳥類学者ホフマンゼッグ伯は長期間ハンガリーを旅し、動植物を収集した。セゲドの南、現在はセルビアの町スボティツァ付で姉もしくは妹に書いた手紙には「トルコ胡椒」の名でパプリカが登場する。人里離れた湿地帯を歩き回ったときに、疎らにある小屋でいつも「トルコ胡椒と肉でつくるハンガリーの国民的料理」を食べ、気に入ったという。この料理がグヤーシュやペルケルトの原形だろう。他の肉料理なら食べられないほどたくさん食べたが体調はよく、「トルコ胡椒を食べることは単

カロチャの
パプリカ博物館

刺繍にも
パプリカが
（カロチャ）

宝石時計店の看板にも
パプリカが描かれている
（セゲド）

なる習慣ではない。その後で快適になる」と、消化促進効果を称える。鉢に植えるよう頼んでいることから種を同封して送ったことがわかる。さらに「ここでは熟したら糸でつなげて吊し、後にかまどで乾燥させて粉にする」と、当時の加工方法も記す。

いまでもパプリカ生産の中心はハンガリー平原で、とくに有名なのはセゲドとカロチャの周辺である。セゲドはティサ河畔の町で、チョングラード県の県庁所在地。川魚をパプリカ味で煮込んだスープ、ハラースレー（「漁師汁」）が名物である。ノーベル医学・生理学賞を受賞したセント=ジェルジはセゲド大学在職中にパプリカからビタミンCを生成した。一方のカロチャはドナウ河畔の町で、刺繍で有名である。ハンガリーに三つある大司教座の一つが置かれている。どちらの町にもパプリカパウダーの工場があって、かわいらしいパプリカ博物館もある。秋にはパプリカ収穫祭も開催される。

＊――ハンガリー平原からきたパプリカパウダー

十九世紀後半にはパプリカの歴史に大転換が起こった。それはセゲドで始まった。鍛冶屋出身のパールフィ兄弟が鋼鉄のロールを使ってパプリカのための蒸気製粉機をつくり、パプリカパウダーを大量生産する道を開いたのだ。さらに、製粉する前のパプリカをナイフで開いて種と胎座《たいざ》を取り除き、辛くないパプリカをつくる工程を開発し特許を得る。辛さも調節されて大量に生産されるようになったパプリカパウダーは、折から開通した鉄道によって首都ブダペシュトへ、ハンガリー各地へ、帝都ウィーンへ、そしてヨーロッパ各地へと輸出されるようになった。

自家用製粉機
（サラミ ＆ パプリカ博物館、セゲド）

かつての
セゲドの市場

昔は、パプリカを
壁に下げて
乾燥させた
（セゲド）。

昔は、種と胎座を
手作業ではずした。

初期の鋼鉄ロール蒸気製粉機
（サラミ ＆ パプリカ博物館、セゲド）

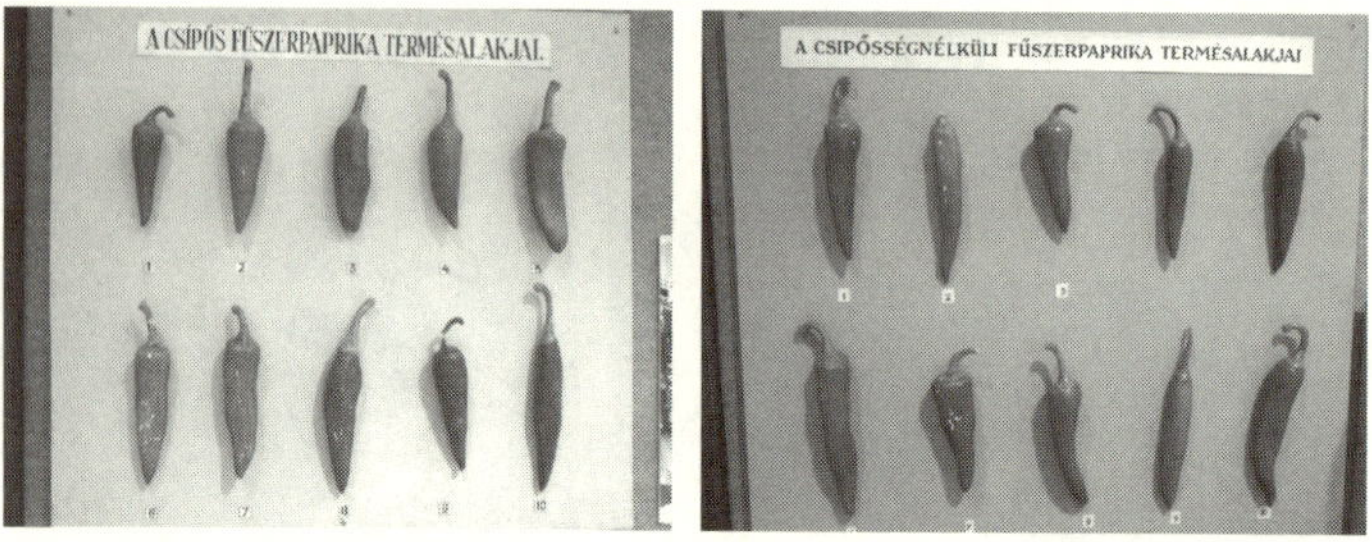

辛いパプリカ（左）と辛くないパプリカ（右）（サラミ＆パプリカ博物館、セゲド）

工場で大量生産されるようになって、パプリカの生産も流通も変わる。それまでは杵と臼を変形したような道具を使って人力で粉にしていたので、生産量も限られ、自家消費用が主だった。だが、大量生産が始まってから、セゲドの市場では小麦が取り引きされるように大量にパプリカが売り買いされるようになる。

二〇世紀初頭には主要な輸出品となるが、産地ごとの競争や、さらにはスペイン産との競争も激化する。このため、混ぜ物をしたり、産地を偽ったり、不作だった一九〇三年には比較的安価なスペイン産のものをハンガリー産に混ぜて出荷したり、食品偽装の問題も持ち上がった。このため、第一次大戦後には国家が品質と流通の管理に乗り出し、研究所を設置し、さらに生産地も限定するようになった。いずれにしても二回の大戦中には胡椒の代替品として同盟国内で需要が増え、輸出が増えるのだが。

パプリカパウダーには種に含まれる油分が必要である。だから、「甘い」パプリカパウダーをつくるためには、辛くない種が要る。種から辛味を抜くにはどうするか。水にさらして数時間足で踏むといい。作家のモーリツはセゲド近郊で出会った光景を一九三六年に書いている。村の中心に井戸があり、その横にコンクリートの水槽がある。そこで一〇人くらいの若者が、大きな袋に入ったパプリカの種を踏んでいる。冗談交じりの会話からは、夜眠れないほど足が痛くなることや、水槽があくのを並んで待たねばならないこと、井戸水は凍らないので寒い冬にもこの作業が続くことなど、けっして楽な仕事ではなかったことが伝わってくる。

だが、この時期には種も辛くないパプリカが登場する。カロチャで、後にはセゲドで研究したオベルマイエルが純系分離と交雑により辛くないパプリカの品種を開発した。まずは香辛料のパプリカで、次に生のパプリカで、辛くないものがつくり出された。セゲドのパプリカ博物館には辛いものと辛くないものの両方の品種が展示してあるが、見た目では区別がつかない。

現在でもハンガリーでは「辛い」パウダーと「甘い」パウダーの両方が店に並んでいるので、買う時には注意が必要である。ハンガリー料理ではパプリカの香りと色を楽しみたいので、甘いものをたっぷり使おう。パプリカパウダーは熱い油と相性がいい。でも焦げると色も香りも台無しになるので、材料を炒めた後、煮込む前に加える。いったん鍋を火から下ろしてパプリカを加えてよく混ぜ、火の上に戻して水分を加えるのがコツ。

＊——オスマン帝国の生き続ける遺産

生野菜としてのパプリカの定着と普及は香辛料のパプリカよりも遅かった。ハンガリーで野菜のパプリカを組織的に栽培して出荷し始めたのはブルガリア人である。オスマン帝国治下のブルガリアでは野菜づくりの技術が発達し、この人たちが十九世紀後半にドナウ川伝いにやって来て都市近郊で栽培を始め、成長著しかった都市の野菜需要を満たすようになった。ブルガリア人は水車を使った灌漑設備をつくり、集約的に野菜を生産した。当時のハンガリーではまだ雨に任せる粗放的な生産が普通だった。センテシュの町はいまでこそ野菜のパプリカ生産で有名だが、一八七五年にブルガリアの野菜づくり人が領主に呼ばれてやって来てから市場向けの野菜生産が本格的に始まったという。ブルガリア人の方法を学んだ農民たちも同様な方法で野菜をつくるようになった。ブルガリア人はブダペシュト南部にも定住して野菜づくりを始める。ここでは二十世紀初頭にブルガリア人協会が設立されブルガリア正教会が建てられ、両者は今日まで続いている。いまでは住宅地になっているが、「ブルガリアの野菜づくり人」という通りもあって、その名残をとどめている。

生の黄色いパプリカを使った料理では、レチョーやパプリカの肉詰めが代表的だろう。レチョーは、パプリカを切って、炒めたタマネギとトマトとパプリカパウダーで煮たもの。肉にかけたりパスタとあえたり卵を入れたり、いろいろとアレンジして使える。肉詰めは、肉とコメとタマネギなどを詰めてトマトソースで煮る。生の辛いパプリカはピクルスにする。丸くて黄色くて「サクランボパプリカ」「リンゴパプリカ」と名前もかわいらしいのだが、しっかり辛いうえに酸っぱくて目が覚める。濃厚な肉料理にあう。

とはいえ、生のパプリカを使った料理は、南隣のセルビアやブルガリアの方が豊富なようにも感じられる。セルビアで前菜によく登場するのがパプリカのマリネ。辛いものも辛くないものもあって、ニンニクや香草がアクセントになる。のぞかせてもらったレストランの厨房には、パプリカ専用のロースト機があった。パプリカの詰め物も多様で、オーブンで焼いたりフライにしたりもする。このように伝播の歴史や料理の種類を見ると、パプリカをハンガリーという狭い範囲だけで捉えてはいけないことがわかる。オスマン帝国の遺産としてより広い地域で考える必要があるだろう。ハンガリーからバルカンにかけての地域を「パプリカ文化圏」として研究するのもおもしろそうである。

「新大陸」よりの渡来食材としてのトウガラシ——トルコ

＊——「食」は刺激を求める？

鈴木　董

トウガラシは、よく知られているように、「新大陸」からの渡来食材の代表例の一つである。実際、西欧人の「大航海時代」が始まり、彼らが到達した「新大陸」から、さまざまの食材を「旧大陸」へともたらしたことによって、「旧大陸」の食の世界は少なからぬ影響を受けた。

馬鈴薯（ジャガイモ）、甘藷（サツマイモ）、カボチャ（南瓜）、インゲンマメ（隠元豆）、ラッカセイ（落花生）、トマト、そしてトウガラシ（唐辛子）など、すべて「新大陸」からの渡来食材である。ただ、興味深いのは、新来の食材のなかで、刺激性のものの方が、そうでないものより早く普及したかに見えることである。これは食材ではないが、口を通じて摂取することでは同じ煙草が、もっとも刺激性が強いが、煙草は、あっという間に「旧大陸」にも広がり、トルコでも、十六世紀末にすでに常用されるようになっていた。これに次ぐのがトウガラシであるように思われる。今は、もっとも普及しているものの、トマトやジャガイモは、最初にこれらがもたらされた西欧においても、はるか後代になり、ようやく食材として用いられ始めた。ジャガイモなども、十八世紀も中葉になって、ようやく食材として普及し始めたという。

これに対し、トウガラシは、はるかにすみやかに「旧大陸」の食の世界に迎え入れられた。煙草ほどではないかもしれないが、十六世紀中には、トウガラシは、西欧はもちろんのこと、東アジアにも普及し、トルコでも利用され始めていたようである。

*——新食材の命名法と旧食材世界

ここで興味深いのは、新渡来の食材の名づけ方である。東アジアの漢字世界は、薯文化の伝統もある世界であったから、薩摩芋は、まずは甘藷と、旧来の芋の一種として名付けた。しかし、西アジアは乾燥地帯で薯文化がほとんど普及していなかったためか、ジャガイモは、そのままパタテスなどの名をもって呼ばれた。甘藷の方は、そもそもほとんど普及せず、今日も西アジアで甘藷を見ることはほとんどない。

これに対し、トマトの方は、西欧ではそのままの名で受け容れたが、東アジアでも西アジアでも、同じ発想で新渡来の食材を命名した。そのとき、伝統的食材名を利用したが、その食材は、ナス（茄子）であった。東アジアの漢字世界では、トマトは南方からやってくる夷狄《いてき》、すなわち南蛮によりもたらされたため、蕃茄と名づけられたのである。西アジア西端のトルコにおいても、トマトは当初、西方の野蛮な不信心者たるフランク、すなわち西欧人の茄子と呼ばれた。ここで、ナスはペルシア語起源の語で、今日ではパトルジャンと呼ばれるが、往時はこれをバンディジャンと呼んだ。したがって、トマトはバンディジャーヌ・エフランジュと呼ばれた。

さて、本題のトウガラシであるが、トウガラシは胡椒とともにビベルと呼ばれることになった。トルコは「海のシルクロード」の終点に位置し、東西交易の大動脈に接しており、元来はフィルフィルと呼ばれた胡椒は、見慣れた香辛料であり、新渡来の香辛料と同種とされたのである。ただ、新来のトウガラシと区別するため、胡椒はカラ・ビベルと呼ばれた。カラは、トルコ語で「黒」を意味する。トルコでは、古来、もっぱら皮ごと挽《ひ》いた黒胡椒を用いたので、こうなったのである。

わが国では、中国と同じく、古くから山椒があり、胡椒は、中国より遠い、西方の夷狄の椒、すなわち胡椒と呼んだが、これも船来の新たなものに対し、もっとも馴染んだ香辛料は辛子であるので、トウガラシ（唐辛子）の名が生じたのとは、対照的である。

＊――二つのビベル

さて、ここで、トルコには、実は胡椒に対する新来者としてのビベルにも、二種類ある。それは、わが国のいわゆるピーマンと、本来のトウガラシである。すなわち、ビベルというと、旧来の見慣れた胡椒と「新大陸」からの新来品があり、新来品としてのビベルにも、丸っこく平たく辛くないピーマンと、細長く辛いトウガラシの二種があるのである。ちなみに、本物の辛子はハルダルといい、トウガラシのビベルとは似ても似つかない名前を有している。食材としての辛子たるハルダルは、しかも、わが国の辛子に比し、ほんの端役で、あまり登場する機会がない。

ここで、新来の食材としてのビベルのうち、丸っこく平たいビベル、すなわちわが国でいうピーマンと呼ばれることとなった食材は、現在のトルコの食の世界では、おかずの材料として広汎に用いられる、重要食材である。とりわけ、中の種を取り除いて詰め物料理とすることが多いため、細長く辛いトウガラシとしてのビベルと区別するときには、「詰め物用のビベル」すなわち「ドルマルク・ビベル」と呼ばれる。ドルマは、トルコ語の動詞で「詰める」ことを意味するドルマクからきている。ちなみに、ピーマンの詰め物にも、冷製と温製の二種がある。

冷製は、米と松の実と鳥の葡萄（クシュ・ユズム）、すなわち干しカラントを入れ、オリーブオイルを用いたもので、オリーブはゼイティン、油をヤーということから、オリーブ油で調理したビベルのドルマ、すなわち、ゼイティン・ヤール・ビベル・ドルマスゥと呼ばれる。これに対し、温製のものは、肉とコメとタマネギを詰めて調理したものである。

ピーマンを意味するドルマルク・ビベルに対し、辛いトウガラシの方も、総称としてビベルと呼ばれるが、こちらは、熟れ方により二つの名をもつ。すなわち、まだ若く熟しておらず青々とした緑のトウガラシは、そのまま「緑のビベル」すなわちイェシィル・ビベルと呼ばれる。イェシィルは、トルコ語で「緑」を意味する。これに対し、よく熟し赤くなったものは、生であろうと干したものであろうと「赤いビベル」、すなわちクルムズゥ・ビベルと呼ばれる。クルムズゥはトルコ語で「赤」を意味する。

＊――トウガラシのトルコへの伝来経路

ここで、トウガラシの伝来についても、わが国では、唐すなわち中国経由で伝来したため、本来は「新大陸」

産なのに、「唐辛子」の名を得た。これは、甘藷が、中国から沖縄へ、沖縄から薩摩へと伝来し、唐芋の名を得、今度は薩摩から日本全国に広まったので、薩摩以外では薩摩芋の名を得たのに似ている。原産地ではなく、伝来の経由地が、名称に取り入れられたのである。

これに対し、トルコの辛い方のビベルには、原産地はもとより、経由地の名も冠されていない。それでは、経由地はどこかといえば、それはハンガリーであったろうといわれる。確かにハンガリーは、今日でもパプリカを効かせたさまざまの料理が有名ではあり、さもありなんというところもある。しかし、今日のわれわれの目から見ると、トルコとハンガリーは、遠く離れた国で、ほとんど関係がなさそうに見える。

ところが、トルコにトウガラシが伝来したと見られる十六世紀頃には、トルコとハンガリーは密接な関係をもっていた。いや、それどころではなく、ハンガリーの大半は、今日のトルコ共和国の前身であるオスマン帝国の領土だったのである。そもそも、オスマン帝国は、今日のトルコの中心をなし、かつてビザンツ帝国の東半をなしていたアナトリアの西北端に、十三世紀末に出現したオスマンと名のる頭領に率いられた、ムスリムすなわちイスラム教徒のトルコ人の集団を起源とする。その後、ビザンツ帝国の東半であったアナトリアへ勢力を伸ばすとともに、ダーダネルス海峡を越えて、かつてビザンツ帝国の西半であったバルカンにも駒を進め、アナトリアとバルカンを合わせて支配下におき、ローマ帝国、後にはビザンツ帝国の首都となったコンスタンティノポリスも征服して地歩を固めた国家であった。しかし、その勢力は、十六世紀初頭にいたるまで、西欧世界には及ばなかった。その西欧世界の東南端にあって、オスマン勢力の西欧世界侵攻を長らく阻み続けたのが、ハンガリーであった。

ハンガリーは東西冷戦時代には、共産党政権の支配下におかれ、ソ連圏に加えられていたため、東欧の一国に括られてきた。しかし、歴史をふり返れば、自らはマジャール人と称するハンガリー人は、民族的にこそ、アジアからの騎馬民族を祖としているが、カトリックを奉じ、ラテン語を文明語、文化語として用い、ローマ字を受け容れた、れっきとした西欧世界の一国、否、中世後期には、西欧世界の東南端の強国であり、西欧世界でもっとも格式の高い君主である神聖ローマ皇帝を出したほどの国であった。

そのハンガリーも、日増しに力をつけてきたオスマン帝国の攻勢に耐えきれず、一五二六年のモハチュの戦いで大敗を喫し、以後、一六九九年のカルロヴィッツ条約でハプスブルク帝国に割譲されるまで、オスマン帝国領であったのである。

そのハンガリーでは、比較的早くから「新大陸」からの新来食材であるトウガラシが受け容れられて栽培され、食用に供されていたようなのである。西欧世界の内陸の東南端に新来食材がかほど早く定着していたのは不思議なようであるが、当時「新大陸」の発見と征服の原動力となったのが、ハプスブルク家支配下のスペインで「新大陸」の新奇な物産ももっぱらスペイン人の手を経て西欧世界にもたらされたのであり、ハンガリーの西側の隣国はハプスブルク家の本拠というべきオーストリアであり、オスマン帝国第一〇代君主スレイマン大帝によって滅ぼされたハンガリーの最後の国王は、ハプスブルク家と姻戚関係にあったことを思えば、「新大陸」からの新来の食材が、新大陸はもとより、大西洋からも遠く離れたハンガリーに比較的早くにもたらされ根づいていたことも、それほど不思議ではないのかもしれない。

とにかく、オスマン帝国の人びとは、この新来の食材であるトウガラシを、意外に早く受け容れ、これがトルコのトウガラシ文化の起源となったものらしい。ただ、トルコでは、同じ「新大陸」産の新来の食材でも、トマトやジャガイモは、西欧世界での普及が遅れたせいもあろうが、なかなか受け容れられず、十九世紀後半に入り、ようやく「西洋風（アラ・フランガ「フランク風」）」料理の新奇な食材としてまず紹介された。トマトやジャガイモが、実際に食材として広く民間で用いられるようになったのは、二十世紀に入ってからであり、トルコ共和国の建国者ムスタファ・ケマル・アタテュルクの時代であったことを考えれば、やはり不思議といわざるをえない。

＊――トウガラシとトルコの食文化

さて、トルコではトウガラシは香辛料としてのみならず、トウガラシそのものが食材として食されることもある。もっとも単純明快なのは、新鮮な緑のトウガラシ（イェシィル・ビベル）をそのまま生で、香辛野菜としてかじる。ときには、この生トウガラシとパンと水だけで昼飯ということさえあるが、これはいつものことではない。もう少し手を加えた食べ方として、野菜の酢漬けに材料の一つとして用いられ、これも長いままかじるのである。

刻んだものの用い方としては、薄く輪切りにした青トウガラシとトマトの細かいさいの目切りを、金属製の皿で、さっとかき混ぜた生卵とともにバターで炒めて、メネメンと呼ばれるトルコ式オムレツとして食することがある。こうした用例もあるが、トウガラシそのものを材料とする料理そのものは、そう多くはないようである。トウガラシの用い方の本流は、やはり、よく熟したものを干して粉にし、香辛料として用いるものである。

＊――インド洋を経て

トルコは、かつてオスマン帝国時代、遠くインド、東南アジアまで広がる「香料の道」、「海のシルクロード」の西のターミナルであった過去をもち、たいていの香辛料に古くから馴染んでいるわりには、あまりにスパーシーなもの、あまりに辛いものを好まない。とりわけ、かつてのオスマン帝国の首都イスタンブルの食の世界においては、そうである。日本では、明治以来、定着していったカレーライスなども、ほとんど定着していない。したがって、十六、十七世紀には、使用され始めたと見られるトウガラシも、今日の韓国料理やタイ料理におけるような重要な位置は占めていない。

しかし、確かに、トルコ料理というと、すぐにわれわれの念頭に浮かぶ子羊の焼き肉であるケバブなどでは、トウガラシを効かせた「辛み（アジュル）」のものも好まれる。ちなみに、焼き肉では、われわれもよく知るようになった羊肉の小片の串焼きであるシュシュ・ケバブの他に、羊の挽肉を細長く、やや平たく串にまとわらせて焼いた、羊のつくねというべきシシュ・キョフテもあり、実は、このシシュ・キョフテの方がヨーグルトやソースと組み合わせたレパートリーが、シシュ・ケバブよりはるかに多く、トルコの焼き肉屋たるケバブジュにおける主役である。そして、シシュ・ケバブにも、アジュ・スズ（辛み抜き）とアジュル（辛みつき）がある。シシュ・キョフテも同様である。ただ、トルコのケバブの場合、本来アジュ・スズ、すなわち辛み抜きが基本であり、アジュルは、ケバブのレパートリーのほんの一つにすぎない。ただ、アダナ・ケバブと呼ばれる、たっぷりとトウガラシの辛みを施したシシュ・キョフテは、清冽な辛さがあり、ファンも多い。

アダナとは、地名であり、アナトリアの東南端に近い県の名であってその県都の名でもある。

＊——トルコのトウガラシ文化の本場、東南アナトリア

トルコの食文化におけるトウガラシの役割は、地域によってものかなり差がある。ことイスタンブルなどでは、トウガラシの辛みを効かせた料理は、かなり例外的である。これに対し、トルコのトウガラシ文化の本場というべきなのは、東南アナトリアである。先のアダナ・ケバブのアダナは、まさにその地域に属する。地域的にシリアやトルコに近く、夏は猛暑となる東南アナトリアでは、トウガラシがはるかに多く用いられ、イスタンブルでの料理と比べると、はるかに辛い料理が好まれるのである。

ここ二〇年ばかりのあいだに、古都イスタンブルでも食文化が大きく変容したが、その一つとして、東アナトリア・東南アナトリアの食文化の急速な進出があり、これらの地方風のケバブ文化の普及が挙げられる。この流れとともに、トウガラシの影響力も拡大し、古都イスタンブルの人びとの舌も、昔より辛いものに慣れてきたように見える。トルコのトウガラシ文化が、隆盛期に入りつつあるのかもしれない。

第3部

シンプルに、より複雑に

——アフリカとアラブ

トウガラシはピクルスとハリーサで——アラブ世界

堀内　勝

　アラブ世界では、フィルフィル fil fil の俗称がトウガラシも胡椒もひっくるめた名称である（正式にはフルフル fulful）。わが国の擬音語ピリピリと響き合って、辛さが伝わってきそうな語感をもつフィルフィル。アラブ世界と文化的影響大であったスワヒリ世界でもピリピリというからその影響関係が認められよう。

　アラブ世界では二子音が重なる畳語は、よく擬音語にも見られるが、そのまま物の名称（物質名詞）になっている例が多くある。フィルフィルもそうしたものの一つかと思って調べると、そうではない。フィルフィルという伝統のある通り名も、じつはアラビア語個有名ではなく、ペルシア語からの借用語なのである。それは同時に伝播の文化的影響関係も物語っている。すなわち、古くは「胡椒」のみを指したフィルフィルは、生産国であるインドからペルシア経由でアラブ世界にもたらされたものなのである。外来品であるので、胡椒の実態を知らなかったアラブは、長らくどんな植物なのかを廻って談義の花を咲かせた。有力な説は、ザクロの木と実に近いものとの想定をしていたらしい。とはいえ、土着化が長く続いたのでフィルフィルを語根として派生語を生み出していった。動詞化したファルファラ falfala とは「胡椒、トウガラシで味付けする」から、もっと範囲を広げて「（調味料や香辛料で）味付けする」と意味場を広げた。ムファルフィルmufalfilは能動分子形で、「胡椒、トウガラシの味、風味をよく効かせた」の意味でよく使われる。受動分詞のムファルファルmufalfalは「胡椒、トウガラシの味、風味がよく効いている」の本来の意味の他に、ピリピリと舌を刺すブドウ酒が対象となることもある。

＊――ピクルスにご用心

アラブ世界の謎々を一つ
半分食べると歯を壊すのに、全部食べるとピリピリ来る物は？
答え：フィルフィル。畳語である原語filfilの半分fil-は、母音を表記しないアラビア語では子音/f/と/l/の二子音になる。この二子音を用いた語にファッルfallがある（二重子音は一文字表記にする）。ファッルとは「刃こぼれ、歯が折れること」が周知であるために、「半分食べると歯を壊すのに」としてこの謎々が成立する。この謎々はさらに有名な以下の事例を下敷きにしている。「半分食べると死んでしまうのに、全部食べると香り高くなる物は？」。答え：シムシム（胡麻）。原語のsimsim、その半分はsim、子音/s/と/m/の2子音となる。この2子音を用いた語にスンムsumm（毒）があることによる。
さて、十六世紀にアラブ世界に伝来してきたトウガラシは、その味の辛さ、ピリピリ感の類似から、すぐに「胡椒」の仲間入りし、同じフィルフィルの名前が付された。そして区別するためにトウガラシの方は、赤系統は「赤い胡椒　filfil　aḥmar」、緑系統は「緑の胡椒　filfil　axḍar」と、また色違いだけの両者は胡椒より辛いので「熱い胡椒　fiifil haarr」と呼ばれるようになった。一方、伝統的な胡椒も名称を限定せざるを得ず、黒胡椒はフィルフィル・アスワド、白胡椒はフィルフィル・アブヤドとして分技することになる。なおピーマン類は「ローマ人のトウガラシ」の意味でフィルフィル・ルーミーといって、マハシー（なかに具を入れた詰め物料理）の定番となっている。

語の由来からして、外来のトウガラシは「胡椒filfil」から分技した「赤い胡椒」、「緑の胡椒」と、また「熱い胡椒」と呼ばれるようになったが、これら長たらしい連接語を嫌うアラブは、別の語シャッタshattahを好んで用いる。古典語にはなく派生語の展開もできないので、トウガラシ伝来以降、新語として登場したものであろう。シャッタの語根　√sh/t/t/　の意味は「行き過ぎている、度を超えている」であるから、その辛さが、従来の胡椒よりも行き過ぎている、度を超えている、いわば「激辛」の意味として広がっていったものであろう。シャッタほどポピュラーではないが、同じ語根から派生したシャティータshatiitahも「トウガラシ」の意味で用いられている。香辛料屋や乾物屋、また物売り行商の掛け声でよく耳にする言い回しがある。「胡椒、胡椒、トウガラシ、トウガラシ（を買わんかね）！」とばかり、口調よく「フィルフィル・フィルフィル・シャッタ・シャティータ！」、最後の「-ティータ」のところにイントネーションをもっていき、大声で引き延ばし、通りすがりの買い物客にいやでも耳に焼きつかせ、購買力を引き起こさせる。さらに口頭伝承豊かのアラブには「物売りの歌」のレパートリーもあり、水売り、スース（甘草ジュース）売り、コーヒー売りなどさまざまな業種の歌があり、そのなかに「フィルフィル売り」のものもあり、そのなかの一句が上に述べたものとも関連していよう。

行商のなかには、季節の風物詩ともなっているピクルス売りもある。人間一人入りそうな大樽や大かめをいくつかリヤカーに乗せてやってくる、「トルシー、トルシー！」と声をかけながら。アラブ世界ではピクルスのことはトルシー（turshii）とか、ムハッラル（muxallal）という。前者はトルコ語からの借用語であり、主としてエジプトなどで用いられ、後者は「xall（酢）漬けされたもの」の意味で、他のアラブ世界の共通語である。他にマクブース（makbuus）ともいわれるが、こちらは「塩漬けにされたもの」の意味である。

ピクルス売りのそれぞれの容器のなかには、キュウリ、オリーブ、ニンジン、赤カブ、白カブ、小タマネギに交じって、大きめの長いトウガラシが入っている。客の方もキロ単位というか、大きめの容器をもって行き、一杯にして買い取る。古来ジャムづくり、シロップづくりとならんで、ピクルスづくりは、アラブの主婦の大事な、また楽しい家事の一つであった。それは同時に嫁としての嫁いだ先の家風の伝統を受け継ぐ行事でもあった。とはいえいまは、こうした物売りに任せてしまっている家が多くなってしまっている。われわれが食堂に入ると、ピクルス類がガラス瓶に詰められ綺麗に並んでいる。食卓に座って何か一、二品注文すると、わが国の「おこうこ」よろしく大皿の端か、小皿のなかにわずかながらピクルスが付いてくる。他のピクルスは注意する要もなく、口に運ぶことができるが、トウガラシだけは気をつけねばならない。他の漬物と同じように口に入れようものならば、噛んだ途端その辛さで飛び上がってしまうようなことがあるからだ。そうした激辛のものも偶にあるので、トウガラシを食べるときは、まず端を少し噛んでみる。辛さ加減をそれで見るわけである。そうして辛さ加減に従った分量を、他の食べ物を口に入れながら、辛さ合わせをして手頃の食味として味わうわけである。

1984年当時（以下同じ）のカイロのバーブッルーク市場。ヘルワーン行き郊外電車の発着所があり、非常ににぎわうスークである。中央内部は精肉部が占め、野菜市場は北西の場、および路肩に追いやられている。トウガラシが最上段に大きく居座っている。容器に注目されたい。当時はプラスチック製品はなく、ナツメヤシの枝や籐、葦類の手工芸の伝統が生きていた。

ピクルスのことで思い出したことがある。アラブ世界ではキュウリは、小さい方が高く、大きくなればなる程安いのだ。われわれ、日本人としては有り難かった。そのまま塩や味噌をつけて食べられるし、うまくジューシーなキュウリ揉みがたくさん食べられるのだから。エジプトではこうした食べ方はせず、もっぱらピクルス用にするため、小さい方が選ばれるのである。またオリーブ漬けもアラブは非常に好み、さながらわが国の梅干しの食位置にあるといえよう。

われわれ日本人が現地で暮らす場合、ピクルスをつくる要もないし、そんなには食材として使わないので、いつも行くスークでも買ったことがない。八百屋で野菜や果物を買い物籠に入れて支払いを済ませた後、トウガラシを三〜四本手にとって「ムムキン（良いか）？」と聞いて、買い物籠のなかに収めるのである。駄目だといわれたことがない。むしろ常連になると、売り手の方が気を利かしてトウガラシをこれ見よがしに入れてくれさえする。

＊――ハリーサ・クスクス・クシャリー、お国の味

北アフリカ地域でトウガラシ生産も消費も多いのはチュニジア、エチオピア、それにスーダンである。アラブ世界のみならず西アジア、北アフリカの広範な地域で、ハリーサhariisahの名前を知らない者はいないであろう。地中海を越えたフランスでは/h/は発音しないのでアリッサとかアリーサとかの名称で親しまれている。hariisahとは「突き砕いたもの、磨り潰したもの」の意味である。トマトとニンニク、塩、オリーブオイルそれに赤トウガラシを練り込んでペースト状にしたもので、コリアンダーやクミンを合わせたものもある。わが国の醤油と同様アラブの食卓には欠かせないものである。ブリキの缶詰や丸型ガラス瓶の容器で売られていたが、最近ではチューブ式のものも出てきた。名産地はチュニジアである。チュニジアでは、どこのスークに行っても干しトウガラシ売り場の一角があり、そこに行くと目がチカチカしてきて、顔を顰《しか》めるぐらいの強烈さが立ちこめ、伝わってくるのである。トウガラシ売り場だと気がつく以前に、その辛さ加減が視覚や臭覚を刺激してきて、それとわかってしまうのだ。これはスークのみでなく、干しトウガラシを吊るしてある一般の家庭の前を通るときでも同様なのだ。チュニジアでも、東寄りの地中海に突き出たボン岬周辺のものが最上品とされており、Harissa Du Cap Bon Tunisieと商標にもフランス語でそれを記して特産品ぶりを謳ったものが多い。ボン岬には鍾乳洞や最近では巨大な風車が立ち並び、風が強いところであるが、内地の穏やかな農地で栽培され

ている。筆者も何回か調査に訪れているが、ここは渡り鳥の通過地で、地中海岸では唯一鷹狩りの伝統が存続している。鷹はサーフsaafと呼ばれるハイタカの一種が中心であったが、最近は湾岸諸国からセーカー隼が持ち込まれ、断崖絶壁を利用して鷹狩りレースも開催されている。

ハリーサは、マグリブ（北アフリカのアラブ諸国）の名物料理クスクスには欠かせないものである。挽き割り小麦にバターを入れて蒸し上げる。それに肉、魚、野菜のシチューをかけて食べるのだが、その味付けにはこのハリーサが欠かせない。好みに応じて辛さ加減を調整しながら、クスクスの仕上がりを堪能する。

一方マシュリク（エジプトから東のアラブ諸国）ではクスクスはそれほどポピュラーではなく、食べるとしても食事のメニューとしてでなく、おやつ程度の扱いなのだ。留学生時代、懇意にしていた友人とは家族付き合いをしていたが、あるときこちらの要請であの有名なクスクスを食べてみたいというと、友人の母親は早速支度にかかり、一時間も経たずに食卓に並べた。色も匂いも立派なクスクスであった。早速スプーンを使って口に運んだ。ところが如何だろう、クスクスそのものにミルクとレーズンが入り、甘み仕立てであったのである。彼女いわく、エジプトではクスクスはこうして甘味で軽食として食べるものなのだと。

ハリーサのことであるが、イエメンに行って驚いたことがある。当地ではまったく同じスペルなのに、甘いお菓子類の一つとしてハリーサの名が用いられていることである。

エジプトの場合、クスクスに代わって庶民によく食べられているのは、クシャリーkushariといって、米かマカロニ料理になる。米かマカロニをメインに、シャーリーヤと呼ばれる極細ヴェルミチェリやレンズマメやヒヨコマメを加え蒸かして、皿の上に盛り、その上に細切りのタマネギの揚げ玉を振り掛ける。それにスープとハリーサを合わせて食べるのである。外食店クシャリー屋は通りに面し、大きなガラス張りにしてあるから、人目にも付きやすい。前面では大きな深盆が備えられ、その上に山と盛られたクシャリーが壮観で、食欲をそそる。料理人は長柄の大型お玉を器用に扱《しご》いて、絶えず大盛りの形が崩れないように、また熱が均等に行き渡るように、あちらこちらと手を入れている。そうながら、客の注文に応じて、アルミの皿に掻きとって、給仕に手渡す。給仕は盛られたクシャリーに、トマトソースをあしらい、揚げ玉を振り掛ける。その後、客に差し出すのであるが、クシャリー皿とともに、多くは一〇センチ足らずのアルミの小皿を付けて、客に差し出す。この小皿のなかには、酢かオリーブ油とトウガラシを細切りにした薬味が配されている。これがまた辛味たっぷりなものであり、好みによって辛味の量が異なろうが、見ているとほとんどの食客は小皿まし振り注いでいる。現地人の大柄さ、恰幅のよさからして、大盛りにしてもらったり、二皿食べる者もいる。私も留学生時代には、二日に一度はクシャリーの世話になったが、さすがに一皿食べ尽くせず、その一人前の分量の三分の二ぐらいがせいぜいであった。ところが留学が終わる二年半後に食べ終わって振り返ってみると、トウガラシの薬味を利かせてクシャリー一皿全部食べて満足している自分を見出しているのである。

*——スーダンのシャッタ・ソース

スーダンの名産の一つにシャッタ・ソースがある。メインはトマトとレモンにしてスーダントウガラシを適量加えてソース状にしたもので、中東中心に輸出品となっている。トウガラシとの深い関連をもつスーダンは、しかしながら、あらぬ方角から非難を受けることになった。名前がスーダンレッド。スーダンレッドとは、鮮

右：常設のピクルス屋。店の近くに行くと酢の匂いがしてきて、すぐにそれとわかる。鏡に照らし出されてピクルスが入ったガラス瓶が棚状に所狭しと並んでいる。手前の大きなかめ（これはすでにプラスチック製）のなかには、オリーブやキュウリ、カブ、など専用のものが収容されている。トウガラシ専用のものもある。

下：屋台のフール（ソラマメ）売り。夫婦で切り盛りする。熱くなっている下の長壺から、奥さんがアツアツのソラマメ煮を掬いあげ皿に移すところ。エジプト人はソラマメを朝食代わりによく食べる。客は皿に受け、豆をスプーンの背で潰し、トウガラシ入りオリーブ油で味付けする。赤トウガラシ酢、青トウガラシ酢、オリーブ油の壜が手前に見える。ソラマメの揚げたのはターミッヤといって、コロッケ風味でこちらも日本人の食感に合う。

やかな赤色を呈する工業用塗料および染料の名前である。それがトウガラシ粉の着色染料として用いられている、というのだ。二〇〇三年フランスでのこと、カレー他の食品に用いられる材料のなかに、インドから輸出されるトウガラシ粉があり、そのなかに、有害染料が含まれていて、それはスーダンレッドだというのだ。スーダンレッドの、その鮮やかな朱色はいくつかの等級に分かれており、いずれにしても食用には禁じられている。というのもスーダンレッドは、体内では発がん性物質が検出されることが知られていたからである。その鮮やかな唐辛子色を出すために、インドのメーカーはスーダンレッドを混ぜて製造したという。EUの指摘を受けて、この情報はたちまち広がり、食品メーカーにまでスーダンレッドの名がマイナスイメージとして広がってしまったのだ。二〇〇五年には中国で、卵黄を赤くするためにスーダンレッドが鶏や鴨、ガチョウの飼料のなかに混入されていることが発覚、大量処分された事件が起こった。またインスタント麺やケンタッキーフライドチキンのチキンの色にまで嫌疑がかかったほどであった。

＊——トウガラシの夢占い

医学や薬学の発達したアラブ・イスラム世界では、中世の後期に伝来した新参者のトウガラシについても、その効用が究明されていった。外薬として神経痛やリューマチの局部への刺激剤、発赤薬として効き目があるとされた。うがい薬として用いれば、扁桃腺やジフテリアに有効とされた。また内服薬として用いれば、マラリア予防、消化不良、振戦譫妄《しんせんせんもう》（アル中などによる震えや幻覚）などに効果ありとして利用されている。

民間のレベルでは夢占いもアラブ世界では根強い人気がある。トウガラシについても、夢占いの判断がある

（フィルフィル＝胡椒、も含めてであるが）……

フィルフィルを夢で見た者は、資本投資を保証する財源が確保されるであろう。また、フィルフィルを夢で見た者は、それが食材としてでなければ「金銭」を意味する。フィルフィルを食べた夢を見た者は、おおよそ「災難・不安」と結びつこう。ある場合は「苦渋または苦い味の薬を飲むことになろう」し、もっと悪い場合は「致命的な飲み物を飲むことになろう」。また対人関係において「悪性の人あるいは悪霊の犠牲になる」ことにもなる。しかし最後まで頑張れば「苦労の果てに、推奨されて金銭を得ることになる」とされる。

フィルフィルが香辛料の主体であり、かつての香料貿易の花形であったことを推測させる民間概念である。資本、財源と直接結び付く対象であり、その投資に失敗したら、つまりそれを食べてしまったら、・・・。フィルフィルの味もまた苦さ、すなわち辛苦と結びつく概念が読み取れる。

モシ人にとってのトウガラシ——西アフリカ、ブルキナファソ

＊——植物の名前に残された旅路の記憶

川田順造

トウガラシもその一属であるナス科の植物は、西アフリカ内陸の、三、四カ月の雨季と八、九カ月の乾季に分かれたサバンナの社会でも、一二種あまりのものが栽培されている。有用植物が多いナス科の植物のうち、青いトマトを平たくしたような、苦味の強いナス*Solanum aethiopicum*はアフリカ原産とされているが、それ以外の大部分は、トウガラシ同様アメリカ大陸起源で、十七、八世紀を最盛期とする奴隷貿易の時代に、西アフリカ海岸の交易拠点を経由して、この内陸社会にももたらされたと思われる。

日本でも、外来であることが明らかな植物名には、「唐辛子」のように、異国渡来を意味する「唐」という言葉をつけることが多い。中南米やポリネシアで古くから食用にされ、江戸時代中頃琉球から薩摩に伝えられた芋を、日本人は「薩摩芋」と名づけた。ところが原産地のアメリカでは、黒人奴隷はこのイモを、故郷のアフリカで常食にしていた東南アジア渡来の塊茎である「ヤム」という名で呼んでいたという。アフリカでは、サバンナの住民モシ人は、「ナ・ニューリ」（王様のヤム）と呼んでいる。前から食べていたヤムより、甘くてちょ

モシ人の国のテンコドゴ地方の露店で見かけたトウガラシ。台の中央右手に2種類のトウガラシが置いてある。

っと贅沢な感じを、「王様の」という形容にこめたのだろう。一つの栽培植物の呼び方にも、世界の異なる地域でさまざまなちがいがあり、植物と人間のかかわりの歴史を反映している。

傑作は、中南米起源のトウモロコシのモシ名だ。日本人は「唐《とう》・唐《もろこし》」と、外来を意味する語を二重につけたが、モシ語では「カ・マーナ」（オクラ・ヒエ）という。在来の主穀トウジンビエのように茎が高く直立するが、ヒエのように茎の上端に実がつくのではなく、アフリカ原産のオクラのように脇から実が出るという、イネ科の栽培植物では例外的なトウモロコシの特徴を、観察にもとづいて的確に表現した名だ。

＊――塩味は贅沢品の味

上の写真は、モシの国の南部テンコドゴ地方の露天市で、調味料のいろいろを、買いやすいように小分けして台に並べて売っているところだ。台の中央右手に、細長いのと丸いのと二種類のトウガラシが置いてある。その左手前のホウロウびきの器に盛り上げてある草色の粉は、粉タバコだ。パイプにつめても吸うが、おもに噛みタバコとしてしゃぶる。タバコもアメリカ原産のナス科植物だが、コロンブス以後急速に広まり、その呼び名が世界各地で共通性が高いことでも有名な植物だ。モシ語でも、隣り合っているが語族の異なるビサ語でも「タバ」というが、ビサ語と同じ語族に属する内陸のバンバラ語や、それがもとになって交易を通じて海岸地方にまで広まったジュラ語では「シラ」と呼んでいる。モシやビサの住む地域は、十九世紀末のフランスによる植民地化のあと、カトリックが早くから浸透し、教会のフランス語による教育をはじめ、フランスの同化政策が強かったところなので、「タバ」(tabac)というフランス語名の発音が、それ以前の名称に取って代わった可能性もある。

その隣りのホウロウびきの器に盛り上げてある結晶した粒や、トウガラシの向こうや手前に、大小の透明なビニール袋に入れて売っているのは南の隣国ガーナから来る海の塩だ。

サハラから来る岩塩もあるが、これはかなり高価だ。一億年あまり前に西ゴンドワナ大陸が膨張して、アフリカと南北アメリカに分かれたときサハラに流れ込んだ海水が、その後の砂漠化で岩塩になった。大きな板形に切り出した岩塩を革紐でしばり、ラクダの背に振り分け荷物にして積んだキャラバンが、一ヵ月かけて交易都市トンブクトゥに運ぶ。商人が買い取って仕分けしたあと、今度は船でニジェール川を二日間さかのぼった交易都市ジェンネでさらに小分けし、ロバの背や今では自動車にも積んで、南のサバンナの町や村で売るのである(カラー口絵)。

こんなにして切り出され、はるばる運ばれて来るのだから、岩塩が高いのも無理はない。長辺が二〇センチくらいの厚い矩形《くけい》に切った岩塩のかたまりは、首長や長老などへの敬意をこめた贈り物にする。モシの王様は新穀感謝の儀式で、重臣たちに、一年の忠勤へのねぎらいのしるしに、この岩塩のかたまりを授ける。古代ロ

西アフリカ内陸サバンナの乾季の風景。

ーマで、兵士の給与が塩（ラテン語の*sal*）で支払われて「サラリウム」と呼ばれ、「サラリー」の語源になったことを、私はモシの国で思い出させられた。岩塩は、田舎町の市でも先の写真のように、おかみさんが夕食のために買いに来る調味料売り場とは、別のところにある（カラー口絵）。

サバンナでも南の端に近いこのテンコドゴへは、約一〇〇〇キロ南のガーナの海岸で取れる塩が来る。ガーナの海岸はやや北東に向いていて、ギニア湾沿岸にしては比較的乾燥している。塩田で海水をある程度干上がらせてから釜で煮る製塩法は、ガーナの旧名「黄金海岸」でかなり古くから行われていたようだ。ヨーロッパとの接触が十五世紀以来、西アフリカでもっとも古くからあった「黄金海岸」で、この製塩法が土着のものかヨーロッパからの影響によるものかは不明だ。

海から来るこの塩も、岩塩ほどではないがかなり高価なので、量り売りのほか、小さい袋に分けて売っているのだ。いまのように南北からの塩が流通しやすくなかった頃には、湿地に生える塩生植物を焼いた灰や、塩をわずかに含んだ沼地の泥を濾したり沈殿させたりして塩を取っていたというから、人間が生きるうえで不可欠の塩が、この熱帯内陸でどれだけ貴重だったかが想像できる。このサバンナの伝統的味覚で、いちばん欠落しているのは塩味だというのも道理だ。

トウジンビエの粉を熱湯で練った主食「サガボ」につける汁の素「カールゴ」は、モシ語で「ドアーガ」と呼ばれているマメ科の野生樹*Parkia biglobosa*の実をやわらく煮て発酵させたものだ。豆を煮て発酵させた、主食にそえる汁の素という点でも、日本の味噌に対応するのだが、このサバンナ味噌には塩気がまったくない。

この「サガボ」を、火にかけた土鍋で練るとき、モシ語で「プスガ」と呼んでいるタマリンド(*Tamarindus indica*という学名がリンネによってつけられた後に、アフリカ起源でインドに伝播したことが明らかになった)の実を浸しておいた水を使う。軽い酸味がついて、風味がよくなる。アオイ科の野草「ビトー」*Hibiscus sabdariffa*は、葉も食べるが、花の落ちたあとの萼《がく》を摘んで干しておいたものを、やはりサガボを練る水に浸して風味づけにする。この酸味の素は酒石酸だそうだが、なんと繊細な野生植物の利用ではないか。このプスガも、煮て軽く自然発酵させると、また独特の旨味が出る。この調味料売り場の左上に花模様のホウロウびきの器に入っているのは、それを砕いて使いやすくした、サバンナ版インスタント調味料とでもいうべきものだ。

ほかには、ニンニクも見えるし、南の森林地帯から来るモシ語で「ズンビリ」というギニア・ショウガ*Aframomum melegueta*の実など、やや値の張る香辛料を、小さな三角のおひねりのように紙に包んで並べている。

カラー口絵にかかげたもう一つの写真、巨大なナスとトウガラシのそれは、ブルキナファソの首都ワガドゥ

上段左：市場で売られているサバンナ味噌カールゴ。中央のホウロウびきの皿にのっている。
2段目左：市場で売られているタマリンド（左の黒っぽい塊）主食のサガボに軽い酸味と風味をつけるのに欠かせない。

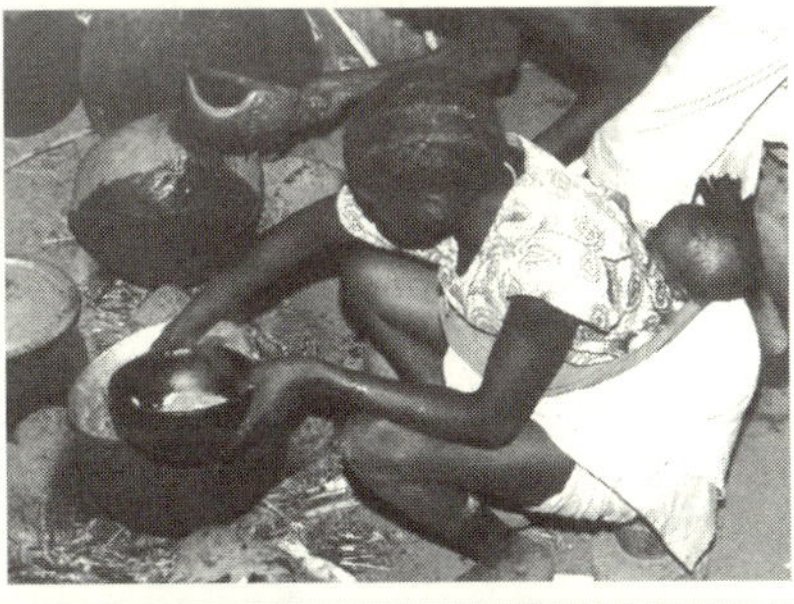

2段目右：サガボづくり。トウジンビエの粉を熱湯で練る。
3段目右：サガボをヒョウタンでよそう。
3段目左：器に盛られたサガボ。ヒョウタンの杓子が添えられている器にはゼードが入っている。
下段：食事風景。手に取ったサガボにゼードをつけて食べる。

グーで、旧友の女性が手料理でもてなしてくれたとき、台所で撮ったものだ。彼女はモシではなく、西部のブワ出身だが、料理は基本的にモシと共通だ。フランス語圏の都会なのでバゲットも写っているが、皿の上には巨大なナス（先に書いた、青いトマトのようなアフリカ原産ナスではなく、多くの変種のある*Solanum melongena*のなかでも、へたが緑色で実がまるく膨らんだ変種、日本でも米茄子《べいなす》の名でよく調理される、アメリカオオナスだと思われる）と、色鮮やかなトウガラシがある。この写真をご覧になった山本紀夫さんは、このトウガラシは、*Capsicum frutescens*とともに熱帯アフリカで栽培されている*C. chinense*ではないかという。はからずもアメリカ渡来種のナス科野菜が、一皿の上に勢揃いしたわけだ。この手のトウガラシは、日本で食べるトウガラシより、格段に香りが強い。西アフリカの食生活でも、私が最も惹かれるものの一つだ。これを切って油に漬けておき、その油を料理に数滴たらすと風味が格段によくなる。が、つい入れすぎると翌朝大便のとき肛門がヒリヒリして、二度味わうことになる。

＊――「ミースガ」を楽しむ食文化とトウガラシ

さて、サバンナの食文化で、トウガラシはどのような位置を占めているだろうか。とくにモシの食生活で探ってみよう。モシ語で味覚を表す言葉はあまり多くないが、よく用いられるのは、ノーゴ（うまい、甘い、「良い」という意味一般にも使う）、トーゴ（まずい、苦い、味覚以外で「骨が折れる」という意味でも使う）、ミースガ（すえている、酸味がある、軽い清涼感がある、先に述べたプスガの実や、ビトーのを水に浸した、酒石酸の酸味）などだ。

舌による味の感じ分けから、現在まで六つの基本味――甘味、塩味、酸味、苦味、旨味《うまみ》、脂味――が知られている。このうち酸味と苦味を表す形容詞はモシ語でひんぱんに、とくに「ミースガ」はかなり多様な味を含んで用いられるが、はじめの二つについては、「甘い」と「うまい」がかつての日本語でのように同じ形容詞でおおざっぱに表され、塩味に関しては形容詞すらなく「ヤムセム」(塩)という名詞でしか表せない(日本語では古くは「からし」は塩味と酸味両方を指したらしい)。どちらの味も、工業的に精製された砂糖や食塩が、高価ながら一般に出回るようになる前には、サバンナの食生活にはきわめてとぼしかった要素だ。「トーゴ」が味のみと同時に労苦を表すのも、日本語の「苦」の感覚に通じるようで、興味深い。

ノーゴ、甘いものの筆頭は、野生の蜂蜜「シード」とか、蜜蝋の混じっていない精選した蜂蜜は、油脂をあらわす「カーム」という語をつけた「シー・カーム」だ。雨季のはじまりに、木に仕掛けておいた筒籠や野生樹の洞にミツバチがつくった巣から、煙で蜂を追い出して蜜を取る。ご馳走だが、貴重品だ。

サバンナの混作焼き畑農耕で、トウジンビエ、モロコシなど高稈性のイネ科の主穀の下に播き、穀物を取りいれたあと、乾季の初めに陽光を浴びて熟する、モシ語で「ベンガ」というアフリカ原産のササゲ*Vigna unguiculata*を煮たもの(もちろん砂糖など加えずに)も、たいせつな甘味のもとだ。新穀の共同打穀のお祝いの夜や葬式の晩など、物日《ものび》の夕食のサガボにそえるお汁「ゼード」の実は、とっておきのササゲだ。ハレの感覚と結びついたこの自然の甘味は、サバンナの子どもたちにとっても待ちかねる「ノーゴ」なものだ。

雨季の初めに、実をならせるマメ科の野生樹「ドアーガ」の種子が、サバンナ味噌の原料になることはすでに述べたが、この種子を包む長い莢《さや》のなかに詰まっている黄色い果肉(種子が十分に熟してから取りいれ、乾燥させたあとなので、かたまった粉のようになっている)を、子どもたちが取り出し、口のはたを黄色い粉だらけにして食べる。干菓子のような、乾いた、かすかな甘味がある。

長い乾季のあいだも葉を落とさず、雨季の到来にさきがけて実をつけるウルシ科の高木マンゴー*Magifera indica*。南アジア原産と推定されるが、マレーシアなど東南アジアに早くから広まった。アメリカ大陸へは十八世紀に伝播し、奴隷貿易時代に西アフリカの、現在のセネガルやギニアにもたらされて内陸へ広まった。ブルキナファソには、おそらく二十世紀になってから導入された。名称もマレー語の「マンッガ」、英語の「マンゴー」、フランス語の「マング」、バンバラ語の「マンゴロ」、モシ語の「マンギ」のように、言語の地方差を越えて共通性の高い名で呼ばれている。果肉はヤニ臭く、接木しないものは実も小さくて筋だらけだが、サバンナのいたるところで手に入る、甘味のもとだ。

甘味、塩味のとぼしさとはきわだった対照をなして、「ミースガ」ということばで表現される味の豊かさ多様さは、すでに見た通りだ。

＊──「ぬめり」を好む食文化

食味というよりは食感だが、「ぬめり」が多いのも、サバンナの食文化の特徴だ。新鮮なオクラや雨季の初めのバオバブの若芽、あるいは輪切りにしたオクラやバオバブの葉を干したものなど、主食につけ合わせるお汁「ゼード」の実としてよく入れるのだが、汁にぬめりが出る。さらに強烈なのは、乾季の初めに真っ赤な花をつける、「ヴォアーカ」というパンヤ科の野生高木*Bombax costatum*の萼《がく》だ。その初《はつ》ものを、新穀を祖先に供えて感謝する祭「バスガ」で、新穀で練った「サガボ」にそえる「ゼード」の実として必ず入れることになって

右：生け贄のニワトリを屠り、その血を祖先に供える。
左：サバンナの風景。まばらな低木が生えるなかに巨大なバオバブがひときわ大きくそびえる。

いる。だが、この萼が出すぬめりの強烈なことといったら！　季節のサバンナの花ではなく、その萼のぬめりで「にいなめ」を祝うモシ人の感覚には、なめこ汁、とろろ昆布、納豆、自然薯のとろろなど、ぬめり食文化の日本から来た人類学者も脱帽したくなる。ぬめりというものがほとんどないフランス食文化で育った人類学者の友人たちが、サバンナの現地調査でまず辟易するのも、現地の食べ物にフランス語でいう「グリュアン」gluant な、ぬめりが多いことだ。

言語表現のうえでも、モシ語には、「サーラ」という「ぬめり」のある状態を示す動詞や、その名詞形「サーレム」、形容詞形「サールレ」などの派生語も豊かで、日常よく用いられる。

とりわけ、家畜の肉をハム、ソーセージなどの形で保存するために、香辛料を必要としたヨーロッパ人と対比すれば、モシ人はほとんど家畜、家禽の肉を食べなかったといってもいい。祖先や荒れ野の精「キンキルシ」への供え物として、ニワトリののどを切って生き血をそそいだあと、参列者一同で焙って食べるなどのほかには、狩りの肉は食べるが、家畜、家禽の肉はめったに食べなかった。その点でも、モシ族は香辛料を必要としなかったのだが、トウガラシは、モシの食文化でも日本の食文化でも、肉とは無関係で、香辛料一般のなかでも特殊な位置を占めているように思われる。

さきに見たモシの味覚を表す言葉のなかにも、トウガラシの与える感覚は、うまく位置づけられないように思われる。トウガラシの実はモシ語では「キパレ」、草本としてのトウガラシは「キパランガ」というが、語源は不明、派生語も類語もまったくなく、モシ語のなかで孤立している。

トウガラシが口を刺激する感じを、モシ語では「ウィム、ウィム」という擬容語で表す。「ウィム、ウィム」は、他には、太陽が日本語でならジリジリ肌を焦がすように照りつける感覚を示すのにも使うし、稲妻が日本語でならピカピカ光るさまを「ウィラ、ウィラ」と形容するから、「ウィ」という言語音が、モシ語ではある鋭さの感じと結びついていると思われる。「ピリピリ」といえば、モシ人にも日本人にも通じるし、私の個人的な体験では、この種の擬容語をもたないヨーロッパ諸語の人にも、アフリカのいろいろな言語の人にも通じたから、この言語音の連なりは、トウガラシの舌への刺激感を表すのに、ある種の広がりをもっているのだろう。

東アフリカで広く用いられているスワヒリ語では、ペルシア語起源の語として、pilipiliという語が、トウガラシを指す語として辞書にも載っている。ヨーロッパには十六、七世紀から知られるようになった、このアメリカ原産の植物を指すのに、フランス人は、薬種を意味したラテン語pigmentumに由来し、十世紀頃までは広く香料を指す語として用いられていたpimentという語をあて、それがやがてトウガラシだけを指すようになり、pimenter（刺激性の辛みをつける）という動詞まで生んだのは、より古くからフランス語にもあったpiquer（刺す）をはじめとして、piの音が表す一群の「尖り」「鋭さ」を表す語からの連想がはたらいたからだと思われる。英語では、胡椒を指すpipal（サンスクリット）、piper（ラテン語）などに由来するpepperに、redやcayenneなどの限定辞をつけてトウガラシを指すが、英語圏西アフリカの住民が用いている、pepperの変形された「ペペ」も含めて、これらすべてで「ピ」ないし「ペ」の音のくり返しが保たれている。

＊——知恵者の野ウサギとトウガラシ

モシ人も「ピリピリ」といってもわかるが、モシ語としては少しちがった表し方に向かったのであろう。トウガラシが与える感覚の言語表現の事例として、私が一九七六年に、南部モシのテンコドゴ地方の村の夜の円《まど》居《い》で採録した、十歳の男の子がしたお話を次に書き写そう。アフリカの昔話でお馴染みの人気者、野ウサギの活躍する話だ。

王様に娘がいた。きれいな娘だったので、みんなもらいたがった。王様はトウガラシの入ったザルを置いて、こういった。「これを《シー、ハー》とやらずに全部食べた者がいたら、その者に娘をやろう」。

野ウサギは肩から袋をさげて王様のところへ出かけた。

ハイエナは、トウガラシをつまんでちょっと食べたが、《シー、ハー》。

ライオンも進み出て、トウガラシをつまんでちょっと食べたが、《シー、ハー》。みんな、次から次に《シー、ハー》。

野ウサギが進み出た。トウガラシをつまんで食べながら、「ハイエナどんは、《シー、ハー》ってやりましたね、でも私は《シー、ハー》なんてやって、嫁さんをもらいそこねたりはしませんよ。ライオンどんも《シー、ハー》ってやりましたね。でも私は《シー、ハー》なんてやって、嫁さんをもらいそこねたりはしませんよ」。

こうやって次々に真似をして《シー、ハー》とやりながら、すばやく脇にさげた袋にトウガラシをつかんで入れた。

「ゾウどんも《シー、ハー》ってやりましたね。でも私は《シー、ハー》なんてやって、嫁さんをもらいそこねたりはしませんよ」。その間に走っていって、水も飲んだ。「サイチョウどんも《シー、ハー》ってやりましたね。でも私は《シー、ハー》なんてやって、嫁さんをもらいそこねたりはしませんよ」。

とうとう野ウサギは、トウガラシを全部食べてザルをからにした。そして王様の娘をもらった。お話おしまい、市もおしまい。

日本の昔話にもよくある「難題婿」の話だが、ここでは「難題」が、トウガラシの辛さに耐えることになっている。そしてトウガラシの辛さへの反応が、「シー、ハー」という擬音語でおもしろく表されている。キモシ人は、荒れ野の精霊「キンキルシ」の宿る岩に、何かにつけて供え物をして願いをかなえてもらう。キンキルシの好物は、サバンナの甘味の横綱蜂蜜、そして嫌いなものは何と新来の「キパレ」、トウガラシだ。

エチオピアの赤いトウガラシ

＊——赤いおかず、カイ・ワット

重田眞義

エスニック料理の本ではエチオピア料理は辛い、という評判がいきわたっているようだが、もちろんすべての料理が辛いわけではない。しかし、食卓に赤い色のソースが美しい料理が出てくれば注意したほうがよい。エチオピアの熟したトウガラシから出た深く赤い色は、他のすべての味覚を圧倒してしまう辛さとパワーの象徴である。

この赤い料理は総称してカイ・ワットと呼ばれている。「カイ」はアムハラ語で「赤い」という意味である。材料が何であれ、このトウガラシ辛い料理はまずこの名前で呼ばれる。喉の奥を綴じて溜めた空気を一気に出しながら発音するカイ・ワットの「カ」の音は、聴くだけでも辛さがつのる気がするのは私だけだろうか。

エチオピアのレストランで出される料理の半分以上は必ず赤いと思っておいたほうがよいだろう。そして、エチオピアの老若男女はこの赤いワットが大好きだ（なかにはまれに好まない人もいるが…）。

赤くない料理を注文するときは、アリチャ・ワットといわなければならない。アリチャの元の意味はよくわからないのだが、人間に向かって「アリチャ！」といえば、たいへんな侮辱になる。エチオピアでは辛くない人間は駄目だということなのか、おおむね臆病者、根性なし、意気地なしというような意味になる。しかし、このアリチャ・ワットでも少なからず辛い。注意しないと、スープのなかには必ず緑色のトウガラシが入っていて、そのままかじろうものなら口のなかがあっというまに火事になる。

＊――主食と副菜、インジェラとワット

トウガラシが幅を効かせているように見えるエチオピアの食事の基本は、インジェラとワットである。

主食インジェラは、テフと呼ばれるエチオピア起源のイネ科穀類の粉を発酵させてクレープ状に薄く焼いたものだ。直径五〇センチはある円盤型の土器の焙烙《ほうろく》の上で、女性がていねいに、しかし素早く片面だけを焼いてゆく。上手に焼けたインジェラには、スポンジのような細かな穴が一面にあいていて、その食感と酸味が辛い料理にとてもよくあう。

インジェラにつけて食べるカイ・ワットやアリチャ・ワットの「ワット」は、おかず（副菜）とも訳せる言葉だろう。素材の種類に応じて、ドロ・ワット（鶏肉のワット）、ヤ・バグ・ワット（羊肉のワット）などと呼び分ける。レンズマメやヒヨコマメなど豆の粉でつくったワットはシロ・ワットと呼ばれる。ここでも、とくに断らない限り、これらのワットは赤い。とくに、客人のもてなしや、お祝いの際に出すドロ・ワットは必ず赤いカイ・ワットである。辛くないのはなかに入っているゆで卵だけで、あとはすべて辛い。

エチオピアの歴史を振り返ってみると、十七世紀に群雄割拠の時代が統一されてから、中央部の高地では、

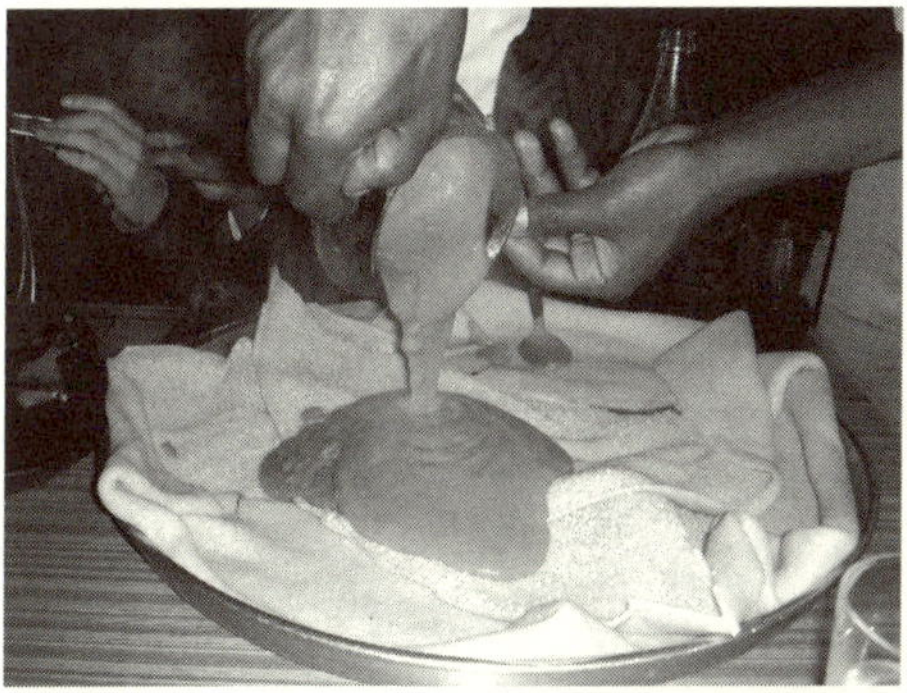

上段：辛いマメのワット

中段右：お祝いの際に出すドロ・ワット。赤いソースのなかに茹で卵が入っている。

下段：インジェラの上に赤い料理が並ぶ。

アムハラ人を代表とするセム語系の民族が長らく政治経済の中心にあった。二〇〇〇年近くのあいだ、高度二〇〇〇メートル以上の高地に暮らしてきた彼らにとって、ワットは、鉄やカルシウムを多く含むインジェラと必ず組み合わせて食べるもっとも基本的な食事の要素になっている。十九世紀後半、エチオピア帝国がその版図を広げ、エチオピア中央高地に暮らす人びとが周囲の低地にも勢力を拡大していった。遠征軍の指揮官は皇帝から土地を与えられて領主となり、兵士の一部は移住していった。その過程で、インジェラとワットの組み合わせからなる料理はエチオピア全土に広まっていったと考えられる。

いまでは、エチオピアの津々浦々で（という言い方は海のない内陸国エチオピアではおかしいかもしれないが）、インジェラとワット、とくにテフのインジェラと赤いワットを食することができる。まさにインジェラとワットはエチオピアの国民的料理といってよい。

では、エチオピアの赤いワットは、いつから赤かったのだろうか？　もちろんトウガラシがアフリカ大陸にもたらされたのはコロンブスによるアメリカ大陸到達以降のことだから、その後アフリカにはポルトガル人などによって十六世紀頃までに、奴隷貿易を通じて伝播した、ことになっている。エチオピアもその例外ではない、はずである。

しかし、いまのところ詳しいことはよくわかっていない。著名なエチオピアの歴史学者R・パンクラスト博士によれば、旅行者の記録からは、遅くとも十九世紀初めには赤いトウガラシの入ったワットがエチオピアの代表的料理として知られていたことがうかがえるという。

＊――二種類のトウガラシ、カーリアとミトゥミタ

ところで、このエチオピアのトウガラシにはアムハラ語で二つの方名がある。一つはカーリヤ、もう一つはミトゥミタと呼ばれる。植物分類学でいってしまえば、カーリアは*Capsicum annuum*、ミトゥミタは*C. frutescens*（キダチトウガラシ）ということになる。しかし、小型の*C. annuum*をミトゥミタと呼ぶ場合もまれにはあって、学名と方名は完全には一致しない。この二種類の名前とは別に、広く料理に使われる赤い粉末の香辛料はバルバレといって別の名前がある。

私は長いあいだ、バルバレと呼ばれる香辛料が、カーリアやミトゥミタを乾燥させた赤いトウガラシの粉だと思っていた。実際に、道ばたで乾燥している赤いトウガラシも、市場で大量に売られている単体の粉もバルバレの名前で取り引きされている。

しかし、実際に家庭で料理に使われるバルバレは、赤いトウガラシ粉の割合が五〇パーセント以上ではあるが、その他にクミン、クローブ、カルダモン、黒胡椒、オールスパイス、フェンヌグリーク、コリアンダー、ショウガ、ターメリック、そして塩といった、およそエチオピアで手に入るあらゆる香辛料を配合してつくった総合調味料であることを後に知った。もちろん首都アジス・アベバのスーパーマッケットでは何種類かの香辛料を配合したバルバレも売られているのだが、やはり家庭でつくるバルバレは味がちがう、という。

私たちがこの五年ほど、調査に出かける車の運転を任せているウォンドセンは、アジス・アベバ生まれのアムハラ人。彼はトウモロコシでつくったインジェラが出てきても絶対に食べない。テフのインジェラと辛いワットがない日が続くと体調が悪くなるくらいの生粋のエチオピア高地人である。そんな彼が、南部の低地で仕

事をする私たちの運転手を務めていられるのは、いつも携帯する奥さん特製の赤いトウガラシの粉のおかげだろう。旅先で彼はいつもそれを「まずい」料理を美味にする魔法の粉のようにして何にでもかけて使う。

ウォンドセンによれば、その赤い粉はバルバレではなく、ミトゥミタなのだそうだ。彼のもっている赤い粉は、市場で売っているバルバレよりもずっと白っぽい色をしている。そういえば、その昔、田舎の宿の朝食に出た、ヨーグルト一杯と一枚のインジェラの隅に小さく盛られた薄赤い粉もミトゥミタと呼んでいたことを思い出した。長年エチオピアで食文化の調査をしている山本雄大氏によれば、このミトゥミタすなわち *C. frutescens* が主体の香辛料は種子の割合が高いので色が白くなるのだという。

赤いカーリアは乾燥して粉にするとバルバレに名を変えるが、ミトゥミタは粉にしてもその名を変えずにそのままということなのだろうか、ウォンドセンの魔法の粉の正体はまだよくわかっていない。しかし、カーリアが大型のトウガラシで、それも生の状態をさす呼び名であることだけは確実である。

*――緑のトウガラシ

この、カーリアと呼ばれる緑色の乾いていないトウガラシは、生のままサラダにしたり、肉料理に加えたりして食されることも多い。

人口の四〇パーセント以上を占めるエチオピア正教徒は、毎週水曜と金曜には肉を食べない肉断食の戒律を守っている。その日には、地方都市のレストランでも肉料理は供されないところがほとんどである。肉の入ったワットの代わりにインジェラのおかずとして用意されるワットはバイヤネットと呼ばれる。これには、マメが素材のシロ・ワットの他、ニンジン、ジャガイモ、キャベツ、ケール、赤色のサトウダイコン、そしてエチオピア起源のエチオピア・カラシ*Brassica carinata*の葉などを調理して、丸いインジェラの上一面に少しずつ彩りよく盛りつけられる。そのとき、副菜の一つとして必ず生のカーリアが添えられる。緑色のカーリアは、慎重に半分に割って、ていねいに種子を取り除き、そのなかにはみじん切りにしたタマネギに塩とライム汁を和えたものが詰めてある。これをかじりながらインジェラを食すのである。

このカーリヤ、まれには甘いというか辛くないこともあるが、やはり舌を刺す辛さは特徴的である。その味を、なかに詰めた具がやわらげてくれる。

＊——コーヒーにトウガラシ

インジェラとワットに負けず、というかそれ以上にエチオピアの食文化に欠かせないのはもちろんコーヒーである。毎日、一日に二回三回と、長ければ数時間をかけて皆の見ている前で用意するエチオピアコーヒーの入れ方は、「コーヒー・セレモニー」の名前にふさわしい様式をそなえている。しかし、これはエチオピアの人びとにとって儀礼でも儀式でもない日常的な生活実践である。

ところで、このコーヒー、エチオピアの西南部では古くからその青葉を煎じて飲む習慣がある。南部州の調査地の家庭で、ふつうに出てくる飲み物は、この葉のコーヒーである。コーヒーの原産地エチオピアで、いま私たちが日常的に飲むような豆を焙煎したコーヒーを煮出して飲む飲み方は歴史的には新しいのだという。コーヒー豆を使うコーヒーはさておき、エチオピアの熱い青汁とでもいうべき飲み物に欠かせないのがトウガラシである。

朝取りのコーヒー青葉は、小さな臼と杵で突き潰す。広口の土器の壺に沸かした湯のなかで煮立てると、そこにショウガ、ニンニク、ミント、レモングラス、塩、そしてトウガラシ——多くは小さなミトゥミタが使われる——を加えていく。数分待ってから、乾燥したヤムの蔓を丸めて土器の口に詰め、ゆっくりと漉しながら、熱い緑の液体を小さな陶器のカップに注げば、できあがりである。

つくり方はいたって単純だが、その味は複雑である。つくる家庭によって、女性によって、味は千差万別。ときには辛く、ときには青臭く感じることもあるが、香辛料がバランスよく配合されたときの味は格別である。毎朝これを飲んでいると心身ともに健康になる気がするほどだ。

このエチオピア独特のコーヒー（の葉）飲料、私の知る限りエチオピアの外には広まっていない。日本の喫茶店で観葉植物としておいてあるコーヒーの木を見るたびに、メニューに加えたらどうかしらと思ってしまう。

＊——トウガラシ以前、サナフィッチ

ここまで、トウガラシの「辛さ」についてばかりふれてきたが、この辛さ、日本語でいう「辛い」は、たとえば塩「辛い」とは言葉は同じでも味はまったくちがう。実のところ、アムハラ語で辛いという一般的な表現は見当たらない。それぞれの香辛料の名前に言及してその多い少ないを指摘することがほとんどである。そしてエチオピアの「辛い」味は、もちろんトウガラシの他にもある。

トウガラシがエチオピアに伝播する以前、人びとはどのような「辛味」を食べ物に加えていたのだろうか。

あくまで推測の域を出ないが、エチオピア在来の香辛料として、サナフィッチ*Brassica carinata*（アブラナ科、エチオピア・カラシ）をあげることができるだろう。トウガラシ以前には、もちろん胡椒やショウガといった辛味植物がエチオピアにもたらされ、いまでもエチオピア料理の有力な香辛料となっている。しかし、サナフィッチは、現在もエチオピアにしか見られないエチオピア起源の作物として、エチオピアの食における辛味の出発点と考えてよいと思われる。

エチオピアでは牛や山羊、羊の生肉を食する習慣が広くある。市日には屠《ほふ》られた牛を吊した肉屋で、生食に適した部位を吟味する光景が見られるし、首都アジス・アベバのホテルでも生肉を出すところは少なくない。真偽のほどは定かでないが、朝鮮戦争に国連軍として派遣されたエチオピア兵が、戦場で生肉をわざと食べて、人肉を喰うと誤解させて北朝鮮兵に恐れられたという逸話さえある。それほど、エチオピアの生肉食は確立した食文化だということができる。

そして、この生肉に欠かせないのが辛味香辛料のサナフィッチである。種子を潰して水を加えただけで辛くなるアブラナ科のサナフィッチを生肉につけて食するのは、まさに牛刺しそのもので、私たちにも馴染みのある味だ。いまでも、町の生肉専門のレストランではサナフィッチを好む人も多い。しかし、やはり最近ではトウガラシをベースにしたバルバレのソースが主流になってきた。

サナフィッチは高度二〇〇〇メートル以上のエチオピア高地に適した作物として、おもにエチオピアの北部高原で麦類とともに栽培されてきた。それに対して、食卓のサナフィッチを凌駕したトウガラシは、温暖な南部で大量に栽培されている。エチオピア西南部は、年降水量が一五〇〇ミリを超え、温暖で年間を通じて作物栽培が可能な地域が広がっている。この場所を得て、トウガラシはエチオピアの香辛料作物としての地位をゆるぎないものにしていったと考えられるのである。

＊――トウガラシとエチオピア国家

エチオピアの食卓に登場して以来、数世紀の年月を経て、いまやトウガラシはエチオピアの国民的な味となり、日常の食生活に欠かせない香辛料であるといってよい。ちなみにその生産額は世界六位で、二〇〇七年の統計では一一五万容量トンが販売され、時価にして三億四千万米ドルの取引があったという。この量はメキシコやタイよりもはるかに多く、実際には統計に上らない多くの自家消費生産があったと考えると、エチオピアがトウガラシの大生産消費国であることがわかる。いまでは、トウガラシの産地として有名な地域が、とくに温暖な南部州にいくつも知られている。

首都アジス・アベバの市場マルカートを訪れると、赤いトウガラシの粉は、香辛料を扱う一角に山積みにして大量に売られている。また、トウガラシとその抽出液は、貴重な外貨を稼ぐエチオピアの輸出品でもある。そのためときには投機的な取引の対象にもなったりする。

エチオピアがその独自の暦でミレニアムを迎える頃（西暦では二〇〇七—八年）、そのお祝いにたくさんのエチオピア人ディアスポラ（訳あって海外に住む人びと）が帰国するという噂がとびかった。もちろん、噂だけではなく多くの人が帰国したし、政府も土地を与えたり税を免除したりする優遇処置を取ったというが、そのためか土地価格は高騰し、家賃やホテル代も急上昇した。そのとき、なぜか市場から赤いトウガラシの粉がほとんど

上段右：トウガラシの形態４種類
上段左：屋外で牛肉を炒める。

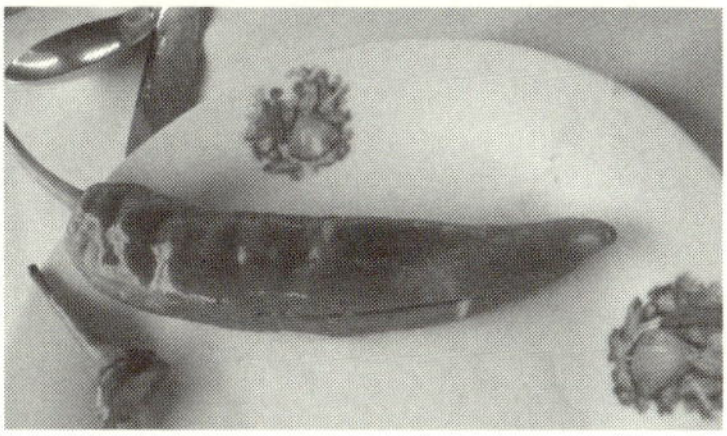

中段右：トウガラシのなかに
詰め物をした料理。

下段右：肉料理に用いるトウガラシの下ごしらえ。かなりの量のトウガラシを刻む。
下段左：肉料理。右は赤いソース煮。左は刻みトウガラシ入り。

姿を消し、日頃は一キログラム四〇〇円程度の値段が一カ月の間に二倍になってしまった。ニュースとして新聞が取り上げたり、首相が国会で釈明したりする段になって、このままでは暴動が起こるのではないかという冗談ともつかない話を友人たちとしていたのを覚えている。

結局、暴動は起こらなかったし、トウガラシ粉の値段は多少上がったものの、最終的には諸物価の上昇と同じくらいの幅におさまった。しかし、人びとを熱くする赤いトウガラシがエチオピアにとってそれほどまでに大切なものだということを強く感じさせられたことであった。

ピリピリと料理の相性――タンザニアのトウガラシ

伊谷樹一

＊――こだわりの風味を生み出す、ピリピリ

タンザニアには、トウガラシの辛さを好む人もいれば、苦手にする人もいて、とくに辛い料理を嗜好する食文化があるわけでも、トウガラシに多様な品種があるわけでもない。ただ、トウガラシを生のまま食べる習慣は広く見られ、辛さとともに、その風味を楽しむという食文化が深く浸透している。

タンザニアの一般的な食事は、ウガリと呼ばれる固く練った団子、米飯、バナナであるが、もっともふつうに食べられているのがトウモロコシやキャッサバの粉を材料にしたウガリである。大皿に盛られたウガリを手で一口大にちぎり、小鉢に入った塩辛いおかず（汁物）を少し付けて口に放り込む。農村では、男女が別々に、大人と子供がいっしょに食事を取るのがふつうで、ウガリを囲んで座り、それぞれのペースでウガリやおかずに手を伸ばす。客もいっしょに食べる。おかずは一鉢しかないので、辛いものが苦手な人でも食べられるように、おかずに直接トウガラシを入れることはない。食事に辛味が欲しければ、家のまわりに生えているトウガラシを子供に取ってこさせ、各人がそれをかじりながら思い思いに辛さを楽しむ。

タンザニアの農村では、トウガラシは勝手に生えてくるものであって、自家消費用としてわざわざ畑に植えることはしない。どの家でも裏庭にゴミ捨て場が掘ってあって、調理で出た生ゴミなどを捨てるので、そこにはだいたいカボチャやトウガラシなどが生えている。また台所の近くには洗った食器類を天日で乾かすための棚がつくられていて、その傍らにトウガラシが一株だけ生えていることもある。農村ではこうした自生のトウガラシを利用しているが、それはきまってキダチトウガラシ（*Capsicum frutescens*）である。長さが二センチほどの小さな果実で、その辛さについては今さら説明することもないだろう。彼らはこれを左手に持ち、ときどきそれをかじりながらウガリを食べる。タンザニアには、それ自体が辛い料理はほとんどないが、強烈な辛味を好む人は少なくない。

トウガラシのことをスワヒリ語でピリピリpilipiliといい、日本人なら一度聞いたら忘れない。ピリピリに「多い」とか「きつい」という形容詞をつけて辛さの程度を表現する。品種もピリピリにその特徴を付けて呼び分けている。*C. annuum*に属する細長いトウガラシは単にピリピリと呼ぶが、キダチトウガラシはキチャーkichaaという言葉を後ろに付けてピリピリ・キチャーという。キチャーとはスワヒリ語で「狂った」という意味で、その異常な辛さを表している。またタンザニアで人気のあるトウガラシにピリピリ・ンブジィpilipili mbuziというのがある。ンブジィとは山羊のことで、直訳すれば「山羊のトウガラシ」ということになるが、それは形状からの命名ではなく、おそらく「山羊料理によく合うトウガラシ」という意味なのだと思う。これについてはあとで詳しく説明するが、果実はピーマンを小さくしたようなずんぐりした形をしていて、肉厚でフルーティな香りがする。他にも、スワヒリ語では胡椒のことをピリピリ・マンガpilipili manga（アラブのトウガラシ）、ピーマンのことをピリピリ・ホホpilipili hohoなどといい、辛いものやトウガラシ属に類するものはすべてピリピリなのである。

肉料理を出す店なら、都会の高級レストランから田舎町の食堂まで、どこでも生のトウガラシをおいていて、ピリピリを頼むと小皿に細長いグリーン・ペッパーを丸ごと、ピリピリ・ンブジィならスライスして持ってきてくれる。ただし、食堂でキダチトウガラシが出てくることはほとんどない。新鮮な生トウガラシをかじると、辛さを予感させるトウガラシ独特の風味（ピラジン）が口のなかに広がり、スープや肉料理が格段に美味しくなる。私のような辛いもの好きは、どんなレストランに行っても必ずトウガラシを所望するが、何気なく口にしているトウガラシも、じつは地域やレストランの種類・立地によって品種が異なっていて、それぞれのトウガラシがもつ風合いと料理との相性はかなり意識されているのがわかる。

町の食堂には豆料理や魚料理もあるが、それらを食べてもなぜかトウガラシをさほど欲しいとは思わない。農村の家庭料理では、おかずにイモ虫や毛虫、オケラ、バッタ、羽アリなどが出てくることもあるが、これらとトウガラシをいっしょに食べると、舌の感覚が鋭敏になるのか、昆虫特有の臭いや味がよりリアルに伝わってきてあまりよろしくない。トウガラシと相性がよいのはやはり肉料理である。牛肉を常備しているレストランであれば、だいたいグリーン・ペッパーをおいているし、揚げた豚肉を出す露店には粉末のキダチトウガラシ、山羊肉の炭火焼きを出すバーや、山羊のスープを出す食堂には必ずピリピリ・ンブジィが用意されていなければならない。シンプルなタンザニア料理でも、じつはトウガラシの品種や形態が使い分けられているのである。

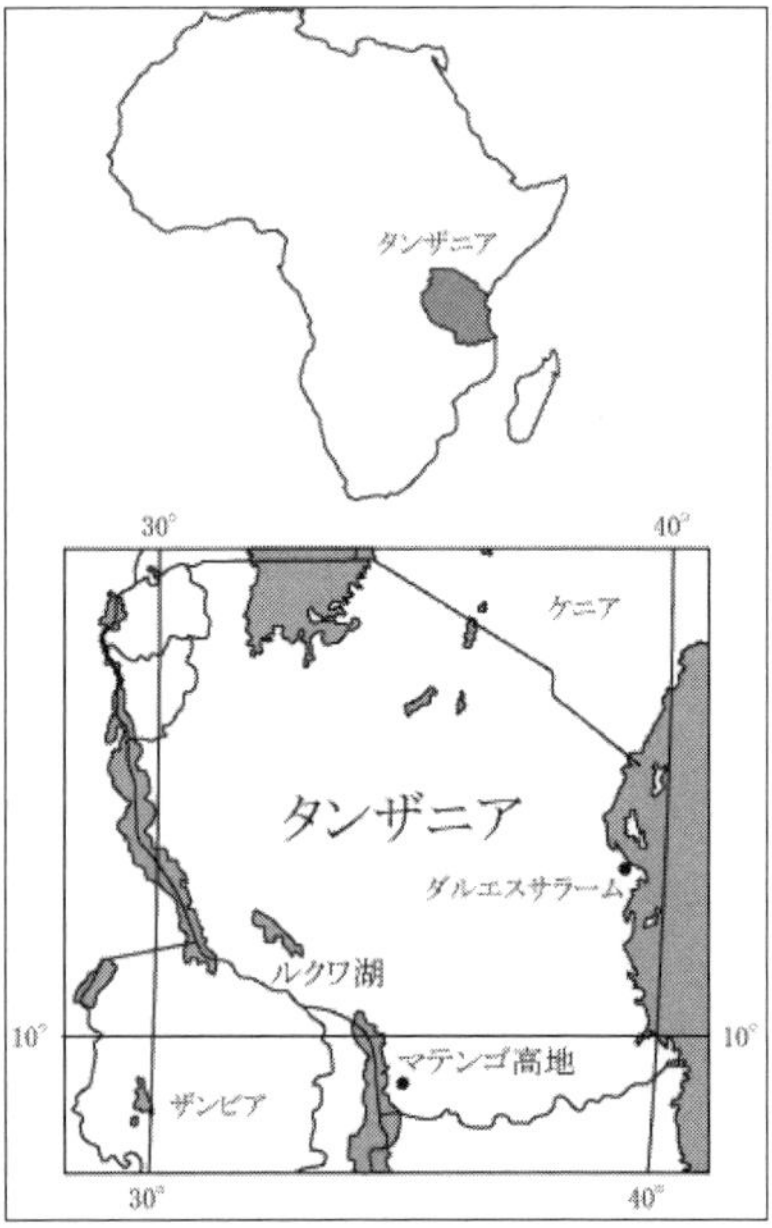

図　タンザニアの地図

＊――豚とトウガラシと豚泥棒

コーヒーの産地として知られるタンザニア南部のマテンゴ高地には、キダチトウガラシ、ピリピリ・ンブジィ、グリーン・ペッパーの他にも、日本で観賞用に栽培されるゴシキトウガラシに似た丸いオレンジ色の品種や、万願寺トウガラシを短くしたような品種など、それぞれの方名をもつトウガラシがいくつかある。なかでも流線形をした黄色い小粒のトウガラシはピリピリ・モヨ（心臓）と呼ばれ、香りが薄くてかなり辛いが、これも生食用としてこの地域ではとくに人気がある。ピリピリ・モヨにかぎらず、この地域のトウガラシの辛さはタンザニアのなかでも傑出している。町の市場ではキダチトウガラシの粉末をスプーン単位で売っていて、私はここに来たらいつも大量に買い込んで日本で大切に使っている。七味唐辛子のようにほんのり辛味が漂うといった代物ではなく、うどんなら耳かきに一さじも入れれば十分で、二さじも入れたら汁が飲めなくなるほど辛い。トウガラシを売る店の主人に「このトウガラシは辛いか？」と尋ねると、呆れ顔で「辛いかなんてもんじゃない。これは危険だよ」とその辛さを自慢する。

大量にトウガラシを買ったときに「こんなに買ってどうするんだ？　豚でも盗むのか？」と店主にからかわれたことがあった。山羊などの放牧地が少なく、イスラム教徒のほとんどいないマテンゴ高地では庭先での養豚が盛んで、村の酒場に行けばいつでも揚げたての豚肉を食べることができる。八月になってコーヒーの出荷が終わると、懐の暖まった男たちが昼夜を問わず酒場に集まってトウモロコシの濁酒を飲み交わす。酒場には粗末な小屋が隣接されていて、半身の豚が吊され、その横に山刀を持った男が煮立った脂の番をしている。客の注文に応じて肉を切り分け、山刀で骨を砕いてその場で揚げてくれる。コーヒー出荷の最盛期には、一つの酒場だけで毎日何頭もの豚が消費されるので、豚の供給が追いつかず、この時期には豚の調達をアルバイトにする者も現れる。豚は家の庭でほったらかしにされているうえ、この季節は飼い主の多くが酔っぱらっているので、当然のように豚泥棒が横行する。盗んだ豚を酒場に持ち込めば、酔っぱらいたちがたちまち平らげて証拠を隠滅してくれるのだ。そのなかには、自分の豚とも知らずに金を払っている気の毒な人もいるにちがいない。

豚を盗むのにはコツがある。豚をむりやり連れて行こうとすれば狂ったように鳴きわめくので、人知れず盗み出すのはなかなか難しい。豚泥棒の常習犯によると、豚を盗むにはまずストローとトウガラシの粉末を用意し、ストローで豚の鼻先にトウガラシの粉を吹きつけると、豚はおとなしくついてくるのだという。上方落語に「くしゃみ講釈」という噺がある。講釈師にトウガラシを燻《いぶ》した煙をかがせ、くしゃみを出させて講釈の邪魔をするという笑い話であるが、実際にキダチトウガラシの燻煙を吸い込んでしまうと、くしゃみどころか鼻水と涙が滝のように流れ出て、たしかに声も出ない。嗅覚のするどい豚ならなおさらだろう。ここではトウガラシを調味料だけではなく泥棒の七つ道具の一つとしても使っているのである。

酒場に持ち込まれた豚は、その場で解体・調理される。まず血を鍋に取り、塩を加えて火にかけるとそぼろ状の固形物ができあがる。これは見た目とは裏腹になかなかおいしく、すぐに完売してしまう。つぎに皮を剥ぎ、皮下脂肪を削ぎ取って、そのラードで小さく切った肉を揚げる。頃合いを見て肉を古新聞紙に上げて余分な脂を落とし、岩塩とキダチトウガラシの粉末を付けて食べるのだが、肉汁と激辛トウガラシの溶け込んだ脂が口いっぱいに広がって、絶妙な味を醸し出してくれる。私はこれが世のなかでもっともおいしい豚料理だと思っているが、豚脂の風味を堪能するには生トウガラシの強い香りはむしろ邪魔かもしれない。いつでも現金に換えられる豚は、農業資材の資金源として、この地域のコーヒー生産を支えてきた。香りの薄いピリピリ・モヨや粉末トウガラシがこの地域に広く出回っていることとコーヒー生産のあいだには、豚を介した少なからぬ関係があるように思える。

*——甘い香りのトウガラシ、ピリピリ・ンブジィ

タンザニア南西部には、アフリカ大地溝帯の一つ、ルクワ・リフトバレーがある。その底部にはタンザニアで四番目に大きいルクワ湖があり、その湖畔のウッドランドが私の調査地である。そこは年間降雨量七〇〇ミリ足らずの半乾燥地で、乾季には乾いた熱風と土埃が容赦なく体の水分を奪う。いくら水を飲んでも需要に追いつかず、小便は一日に一回しか出ない。一旦雨が降り出すと状況は一変し、辺り一帯は水没して、どこが道かもわからなくなってしまう。道沿いにはいたるところに泥沼が口を開けていて、そこに車がはまり込めばも

酒場での豚料理。注文に応じて山刀で肉を切り取り、豚のラードで揚げる（提供：黒崎龍悟）。

豚の飼育　家の庭先でほとんど放し飼いにされている（提供：黒崎龍悟）。

はや自力で脱出することはできない。そんなところでのテント生活はけっして楽ではないが、騒々しい町よりはずっと居心地がよい。村から町に出たときの数少ない楽しみといえば、冷たいビールと、村ではなかなかありつけない肉料理である。

道の状態にもよるが、昼過ぎに村を発てば夕方には最寄りの町に着く。宿に入り、バケツに湯を沸かしてもらって体にしみついた土埃を洗い流したら、まずは宿のバーで冷たいビールを飲み、落ち着いたところで腹ごしらえということになる。バーにはふつう調理場が併設されていて、そこでは酒のつまみをつくってくれる。町に出てきた初日の定番は山羊肉と料理バナナの炭火焼きである。調理場に吊された山羊肉を注文し、ビールを飲みながら待っていると、テーブルに一口大に切られたキツネ色の焼き肉と少し焦げ目のついたバナナが運ばれてくる。皿には、レモンとひとつまみの塩、そしてスライスした生のトウガラシ、ピリピリ・ンブジィが添えてある。肉に万遍なくレモンを搾り、肉片を一つつまんでピリピリ・ンブジィに押しあててから塩を少し付けてほおばる。ピリピリ・ンブジィの甘い香りとすっきりとした辛味が山羊肉の濃厚な脂によく合う。焼きバナナは水気がなく、ほくほくした淡白な味だが、口のなかにへばりついた山羊の脂を拭き取ってくれるので、肉を飽きずに食べ続けることができる。簡素な料理だが、食材の本質を最大限に引き出した、組み合わせの傑作といってよい。

ピリピリ・ンブジィにはトウガラシ属特有の青臭いピラジンの香りが薄く、代わりにフルーティな甘い香りがする。この独特の香りはハバネロのそれと似ているが、両種を日本で栽培して比べてみると、その香りはピリピリ・ンブジィの方が強い。フルーティな香りに騙されて果実にかぶりついたりすると、強烈な辛味に悶絶することになる。ピリピリ・ンブジィは英名をスコッチ・ボンネットScotch bonnetといい、*Capsicum chinense*の亜種とされていて、同種には世界でもっとも辛い種といわれるブート・ジョロキア種やハバネロ種が含まれている。これらの品種は、果実が太くて短いという共通の特徴をもつが、ピリピリ・ンブジィは先端が尖らずにくぼんでいる。果実の径は二〜三センチ、長さは三〜四センチ、果肉は厚くジューシーで、表面には不規則な稜やくぼみがある。果実の色は、未熟なときは薄い黄緑色をしているが、熟すにつれて黄色からオレンジ、緋色へと変わっていく。町の野菜市場では色とりどりのものを区別なく山積みして売っているが、未熟なものほど香りが強くて辛味が少ないという傾向があるようだ。

町では、早朝から働いている人や朝早く出発する旅行者のために朝食を用意する食堂も多く、バスの停留所近くには、紅茶と揚げパンを出す露店、チャパティや山羊のスープなどを準備している店が軒を並べている。山羊の内臓やバーで売れ残った肉を買い取って、早朝から何時間もかけて水煮しておくと上等な山羊スープができあがる。お椀に煮立ったスープと肉をよそってもらい、肉だけを小皿に取りわけ、スープにレモンを搾る。そこにピリピリ・ンブジィのスライスを浮かべると、スープの表面を覆っていた脂がさっと散ってトウガラシの甘い香りが立ちのぼる。少しクセのある山羊の脂や内臓とピリピリ・ンブジィとの相性は抜群で、酸味の効いた辛いスープはまだ半分眠っている体をたたき起こし、二日酔いを吹き飛ばしてくれる。

こうしたバーや食堂は、長距離トラックの運転手が泊まるような幹線道路沿いの宿場町ならどこにでもあるし、そこには必ず山羊肉とピリピリ・ンブジィがセットで用意してある。「タンザニアに山羊のいない農村はない」といってよいほど、山羊は一般的な家畜なのだが、農家にとってそれは貴重な現金収入源であるとともに、非常用のストックでもあり、冠婚葬祭や儀礼・祝典などの特別なときを除いて村で消費されることはない。タンザニア全土で目にするこのトウガラシも、じつは外食産業によって現金が循環しやすい場所に局在しており、農村部でこの品種を見ることはほとんどない。ピリピリ・ンブジィは山羊の消費と強く結びついていて、その分布を見ればこの国において山羊がどのような家畜であるかをうかがい知ることができる。ピリピリ・ンブジィは陸上の流通が活発化するのにともなって全国に広まったトウガラシなのだろう。

ピリピリ・ンブジィ（提供：一條洋子）

＊――食材を引き立てるトウガラシの香り

グリーン・ペッパーの青臭い香りは、脂肪の少ないアフリカの牛肉にアクセントを付け、ピリピリ・ンブジィの甘い香りは、山羊肉特有の強い臭いを緩和してくれる。そして、豚料理には、食欲をそそる豚脂の風味を損なわない、香りの少ない品種や粉末のトウガラシが使われる。タンザニアでは、トウガラシの辛味もさることながら、食材との相性にはむしろ香りが重視されている。辛さの強弱をつけるだけならトウガラシの量で調節することができるが、微量で料理の味を変えてしまう香りはそういうわけにいかない。食材の個性に合わせてトウガラシの品種を選び、食べ方を工夫しているのである。最近、都会のスーパーマーケットにピリピリ・ンブジィのペーストが登場したが、これも乾燥によって失われてしまう、このトウガラシ特有の香りを残そうとする試みなのだろう。

タンザニアには手の込んだ料理がなく、調理といえば食材を煮るか、焼くか、揚げるかして、塩で味を付けるだけのシンプルなものである。それだけに、素材がもつ風味を損なわず、その味をきわだたせるトウガラシの存在が重要になる。そして、トウガラシの生食は、トウガラシ本来の香りを味わうための単純にして最良の食べ方の一つなのである。

第4部

エスニックをさらに豊かに

——東南・南アジア

進化し続けるタイ料理とトウガラシ

縄田栄治

微笑の国、タイ。タイは、観光地として日本人に非常に人気のある国の一つだ。繰り返しタイを訪れる、いわゆるリピーターも多い。無論、タイに惹きつけられるのは日本人だけでない。毎年、世界中から、数多くの観光客がタイを訪れる。何が人びとをタイに惹きつけるのだろうか。陽光のきらめく海岸、活気にあふれる市場、荘厳な遺跡群、きらびやかな寺院、笑みを絶やさない人びと。なかでも、観光客を魅了してやまないのは、タイ料理だ。私自身、仕事の関係で数限りなく訪れているタイだが、いまなお、訪れるたびに、タイ料理を食べるのが楽しみだ。「中華料理とインド料理の幸せな結婚」と称されるタイ料理は、中国とインドという巨大食文化双方のよいところを取り入れ、タイ独自の食文化と融合させて生まれたといわれる。多様な食材に、これまた多様な香辛料や調味料をふんだんに使って生み出される料理の数々は、ときとしてタイ料理を形容する「世界に冠たる」という表現も誇張ではないと思わせる。料理に代表されるタイの食文化は、独自の優れた点をもち、他の食文化のよいところを貪欲に吸収しながら、現在も豊かに進化し続けている点では、日本の食文化に似ているといえるかもしれない。

*——キダチトウガラシの辛い「罠」

トウガラシは、タイ料理を特徴づける香辛料だ。日本人にタイ料理と聞いて何を思い浮かべるか聞いてみると、かなりの人がまず「辛い」と答える。タイ人は世界で一番、トウガラシを食べる人たちである。二番目のインド人の二倍近く食べるという。よく知られているように、トウガラシは新大陸起源の作物であり、タイにとっては比較的新しい食材だ。タイ語でトウガラシを示すプリックprikは、もともと胡椒を表していた。タイに伝えられて以降、速やかにタイの食文化に取り込まれたトウガラシが、胡椒の名前を乗っ取ってしまったのだ。現在では、prikはトウガラシで、胡椒のことはprik thai、すなわち、タイのprikと呼ぶ。

タイにはどのくらい多くの種類のトウガラシがあるのだろうか。富田竹二郎の『タイ日辞典』を覗くと、トウガラシprikの項には、実にさまざまな種類のトウガラシが記載されている。一部を示すと、prik-yuak（プリックユアク）、prik-yak（プリックヤック）、prik-chi-fa（プリックチーファー）、prik-ki-nu（プリックキーヌー）、prik-ki-nok（プリックキーノック）など。タイ語では、形容する言葉を名詞の後ろにつける。prikはトウガラシ一般を示し、たとえば、prik-yakだと、大きいを示すyak（もともと「鬼」の意）がついているので、「大きいトウガラシ」、すなわち、ピーマンを含む果実の大きいトウガラシを示す。富田の『タイ日辞典』には、この他にも数多くの種類があげてあるが、その多くは同じ種類のトウガラシの異名であり、日常的によく耳にするのは、prik-ki-nuとprik-chi-fa、prik-yuakの三種類だ。いずれも、数多くの品種を含む品種群で、タイの人に知っているトウガラシの種類をあげるようお願いしても、だいたい、この三種類が出てくる。そこで、この三種類のトウガラシを説明することにしよう。

まず、prik-ki-nu（ki-nuは「ネズミのように小さい」の意）。タイの旅行案内書には、ほぼ例外なく、タイ料理を食べる際に注意する食べ物の一つとして、prik-ki-nuのことが書かれている。小さい、青くても辛い、そのため、他の緑色野菜に混ざっていると、見分けがつかず、うっかり口に入れて噛んでしまうととんでもない思いをする、と。これはその通りで、タイに長く暮らす人たちも、ときにはタイ人も同様の経験をしている。prik-ki-nuは小さいトウガラシの総称で、特定の品種や植物種を表す言葉ではない。植物学的にいうと、トウガラシには五種の栽培種があり、タイの主要なトウガラシは、*Capsicum annuum*（植物名は「トウガラシ」、ややこしいので、以下、植物名のときにはかっこをつける）と*C. frutescens*（植物名はキダチトウガラシ）であるが、prik-ki-nuは、この「トウガラシ」の小型の果実のものとキダチトウガラシとが混ざっている。市場で売られているprik-ki-nuを買ってきて調べてみると、ほとんどが「トウガラシ」だが、時折、キダチトウガラシが混ざっている。この二つの種の果実を見分けるのはそんなに簡単ではないが、慣れると見分けられるようになる。へたが帽子のように果実にチョンと乗っているのがキダチトウガラシで、へたが果実の肩を覆っているのが「トウガラシ」だ（上図）。小型の「トウガラシ」も相当辛いが、キダチトウガラシは本当に辛い。うっかり口に放り込んだときの被害も、「トウガラシ」の比ではない。また、キダチトウガラシには「トウガラシ」とは少し異なる独特の香りがある。キダチトウガラシの独特の香りと猛

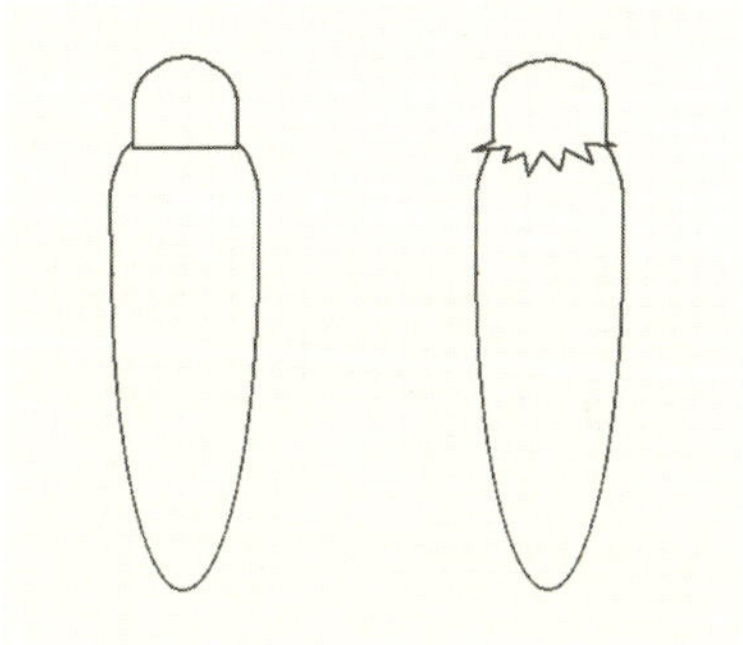

キダチトウガラシ（左）とトウガラシ（右）のへたの形

烈な辛さは、タイでも珍重されていて、prik-ki-nu-suwan（プリッキーヌースワン）と庭を示す言葉suwanをくっつけると、キダチトウガラシだけを示すことになるが、prik-ki-nu-suwanは、prik-ki-nuより高価に売買されている。

*——鳥に運ばれて広がる分布

キダチトウガラシは、まだ完全に栽培化されたわけでなく、品種によってはかなり野生の性質を残している。トウガラシを複数の鳥が好んで食べることは日本でも知られているが、キダチトウガラシの種子は鳥が食べても消化されることなく、そのまま排泄され、そこから発芽し自生する。タイの村に行くと、道端や畑・果樹園・森の端によく生えているのを見かける。このことは、タイ語のキダチトウガラシの別名、prik-ki-nokが「鳥の糞のトウガラシ」を意味することからも、人びとによく知られていることがわかる。ついでにいうと、キダチトウガラシの英名はbird pepperで、英名も鳥との関係から名づけられている。また、富田の『タイ日辞典』には載っていないが、prik-karian（プリックカリアン、カレンのトウガラシ）と呼ばれる、少数民族の名前がついたトウガラシもキダチトウガラシである。カレン人をはじめとするタイ北部の山地民の村では、家のまわりにポツポツと、植えられた、あるいは生えているトウガラシをよく見かけるが、ほとんどがキダチトウガラシである。

滅多にないが、クウィティオなどのタイの麺を食べるときに、粉トウガラシがキダチトウガラシの粉末であることがある。タイの麺にキダチトウガラシの粉末を入れると、辛さが猛烈で、香りが強く、普段とちがった

上段：市場で売られているprik-ki-nu（キダチトウガラシ）（左）

下段左：鳥に食べられたprik-ki-nu（キダチトウガラシ）

下段右：空に向かって実るprik-chi-fa

美味しさを楽しめる。シーフードレストランで供される、焼いた魚貝類のたれ（ナームチムシーフード、ナームチムは「つけだれ」）は、とびっきり辛い、青いキダチトウガラシを刻んで、ニンニク、ショウガ、ライムと合わせ、少量の砂糖を加えたもので、新鮮なシーフードの味が一段と引き立つ。

ちなみに、*C. frutescens* にキダチトウガラシと和名があるのは、日本にもあるせいだ。寒さに弱く開花に短日を要するため、本土では栽培が難しく、本土の人には馴染みがないが、沖縄や小笠原など、亜熱帯に属する地域には、キダチトウガラシの在来品種群がある。いずれも、島トウガラシと呼ばれ、最近では、島の名産品の一つとして観光客にも親しまれつつある。鳥の糞とキダチトウガラシの自生との関係は、沖縄や小笠原でもよく知られている。

*——その他のトウガラシ

次にprik-chi-fa（chi-faは「空を指す」の意）。prik-ki-nuより少し大型で、果実が下垂せずに上を向いて着生する品種群。少しマイルドであるがやはり辛い。こちらは、植物学的にいうと、「トウガラシ」に属する。prik-ki-nuほどではないが、やはり食べるときには注意が必要で、気楽に口に放り込まないほうが無難だ。乾燥トウガラシに使うトウガラシは、prik-chi-faが多い。

prik-yuak（yuakはバナナの茎、植物学的にいうと偽茎《ぎけい》の意）は、ピーマンやパプリカを含む大型のトウガラシで、やはり、植物学的には「トウガラシ」に属する。prik-yuakもほぼ同様の品種群を指す。辛味はマイルドで、まったくないものもある。ただし、肉や海鮮物と炒める料理pad-prik（パッドプリック）のように、生のprik-yuakをふんだんに使う料理の場合、あまり無防備に食べると、ときどき火のように辛いときがある。このあたり、日本でアオトウやシシトウを食べるときと同じ注意が必要だ。

*——生のトウガラシを味わうナームプリック

タイ料理では、トウガラシは基本的に生で使うことが多い。トムヤムなどのスープや、上で述べたpad-prikやpad-kaprao（パッドカップラーオ、肉や海鮮物をスウィートバージルで炒めた料理）などの炒め物でも、生のトウガラシをそのままで、あるいはぶつ切りにするか大きめに刻んで入れる。また、生のまま搗《つ》き潰して使うことも多い。乾燥したトウガラシも使われるが、生のトウガラシが手に入るときにはそちらを使う。通常のタイ料理で、乾燥したトウガラシを粉にした粉末のトウガラシをパラパラかけることはあまりない。粉トウガラシは、主として麺を食べる際に利用する。

タイ料理、とくに家庭料理でよく使われる、トウガラシを使った調味料にナームプリック（「ナーム」は水の意）がある。ナームプリックは、生のトウガラシを搗き潰し、そこにさまざまな香辛料、調味料を混ぜてつくる。通常は、水気を含んだペースト状で、生野菜や温野菜をはじめとするさまざまな食品につけて食べるし、ご飯にものせて食べる。トムヤムなどのスープやゲーン（タイカレー）にも入れ、炒め物にも使う。先ほどから出てくる冨田の『タイ日辞典』には、数多くのナームプリックが出てくる。上に述べた通り、ナームプリックは、基本的に家庭料理でつくられるもので、各家庭が自分の家の味をもっているが、レストランでも温野菜や生野菜といっしょにいくつかの種類が供されるので、旅行者もタイの家庭料理の雰囲気を味わうことができる。おもなナームプリックは、以下のとおり。

○ナームプリックカピ：カピ（小エビと塩を潰して混ぜ発酵させた調味料）、ニンニク、prik-ki-nu、ライムなどを練ってつくる。後ろに何もつけずにただナームプリックというと、これを指すことが多い。独特の発酵臭がある。

○ナームプリックパオ：トウガラシ、ニンニク、干しえびなどを焼く（パオは「焼く」の意）か炒めた後、搗き潰してナムプラー（魚醤）や少量の砂糖を加えて練った赤黒いペースト。真っ赤なトムヤムは、このナームプリックの色。既製品は、市場やスーパー、コンビニで簡単に手に入る。

○ナームプリックヌム：北部の名物。まだ青い少し大型の細長いトウガラシを使った緑色のナームプリック。カピは入れない。この料理専用のprik-yuakの品種もある。ナームプリックヌムをもち米につけると絶品。

○ナームプリックナーロック（ナーロックは「地獄」の意、地獄のように辛い？）：乾燥したナームプリックで、ご飯にふりかけのようにかけて食べる。エビのうまみが凝縮されていて、かなり辛いが、トウガラシの好きな人にはたまらない味。スーパーやコンビニでも簡単に手に入るので、日本へのお土産にもよい。

＊——トウガラシを楽しむ代表的タイ料理

すでにいくつかのタイ料理にふれているが、ここでは、トウガラシを使った代表的タイ料理をいくつか紹介しよう。

○トムヤム：言わずとしれたタイ料理の代名詞的なスープ。トウガラシの他、ライム、コブミカンの葉、ナンキョウ（ショウガの仲間）を使う。日本語では、「トムヤムクン」と、エビを示す「クン」がくっついているが、料理の名前はトムヤムで、その後に中に入れる主材料をつける。トムヤムクンはエビのトムヤムである。余談だが、「クン」の発音は非常に難しい。タイ語の発音は難しいことで有名だが、「クン」には日本人にとっての発音の難所が四カ所もある。また、日本語のトムヤムクンの発音は平滑で、タイ語の声調、発音とまるでちがうため、タイ人にはまず通じない。タイのレストランで、トムヤムクンを注文する際には、まずトムヤムだけで注文したほうが通じやすい。最初にトムヤムが欲しいということを伝えておくと、その後のクンの発音が相当ひどくとも、わかってもらえる。エビの他、鶏肉、魚、海鮮物なども入れる。

○**ソムタム**：パパイヤのサラダ。笹掻きにした未熟のパパイヤにたっぷりのトウガラシと、ニンニクやライムを入れて、すり鉢でたたいて柔らかくする。東北タイの料理で、もともとはプラーラー（ナレズシの一種）を入れる。プラーラーは独特の強い匂いがあり、慣れないと悪臭と感じることが多いため、東北タイ出身者以外では、タイ人でも食べられない人が多い。そのため、プラーラーを入れないソムタムタイもある。プラーラーを入れるほうは、ソムタムラーオ（ラーオのソムタム、東北タイの主要民族はラーオ人）と呼ばれる。

○**ヤム**：野菜とさまざまな肉、海鮮物を使った酸味のあるサラダ。トウガラシをたっぷり使う。やはり、後ろに主材料の名前をくっつける。タイの旅行案内書には、ヤムウンセン（ウンセンは春雨）がよく紹介されているが、ヤムマクワヤーオ（ナガナスのヤム）、ヤムトゥアプルー（シカクマメのヤム）も日本人の口に合う。

○**ゲーンパー**：パーは「森」、「野生」を意味し、ゲーンパーは「森のゲーン」あるいは「野生のゲーン」。いかにも辛そうな名前だが、実際に鬼のように辛い。生の胡椒とクラチャーイ（ショウガの仲間）を使ったゲーンで、タイ人といっしょに食事に行くと、気を使ってくれるのかこの料理が注文されることはまずない。私は、いままでに二度、タイ料理を食べていて、あまりの辛さに少し気分が悪くなったことがあるが、二度ともゲーンパーを食べているときだった。

○**タイスキ**：日本のすき焼きとはまったく異なる料理。CocaやMKなどの専門店で出てくるタイスキは水炊きに似た鍋料理で、酸味のある辛いつけだれで食べる。辛みは、刻んだトウガラシを加えたり、スープでたれを伸ばしたりして調節する。屋台のタイスキは、野菜や肉・海鮮物を煮込んだ料理で、フールー（豆腐乳）を使ったたれで食べる。両方とも、タイ語では「スッキー」と呼ばれる。

○**麺類**：タイには、米の麺のクウィティアオ・センミー・カノムチーン、小麦の麺バッミー、食用カンナまたはリョクトウの澱粉を使ったウンセン（春雨）など、数多くの麺がある。スープ麺とスープを入れない麺（スープなしの茹でた麺に具だけを加える）、炒めた麺がある。麺を食べる際には、粉トウガラシ・酢につけたトウガラシ・搗き潰した後酢を加えたトウガラシ・砂糖の四点セット（酢につけたトウガラシと搗き潰したトウガラシはどちらか一方で三点セットのことも多い）とナムプラーで味を調える。麺の店に行くと、よく驚くほど大量のトウガラシをかけて食べる人に出くわす。そのなかでも一部の人は、トウガラシを大量に放り込んだ後、同じくらい大量の砂糖を加える。トムヤム味のスープ麺も、通常、トウガラシとともに相当量の砂糖が入っている。日本人には少し理解しがたい味だが、砂糖の甘みとトウガラシの辛味で味がより濃くなって美味しいという。興味のある方は、お試しあれ。

タイの麺料理に欠かせない４種のたれ

まだまだ、紹介したいトウガラシを使ったタイ料理はたくさんあるが、紙面の都合上割愛せざるをえない。

また、トウガラシには薬効があり、タイの伝統医方であるサムンプライ・タイにも用いられるが、このことも詳細は省略する。

最後に、トウガラシが大好きなタイの人は、いつ頃からトウガラシを食べ始めるのだろうか、このことを述べて終わりにしたい。いろいろな年代の数多くの男女に聞いてみたが、覚えていないぐらい小さい頃から、家庭で食べるナームプリックで、少しずつ自然にトウガラシの辛味に慣れていったという人と、一〇歳前後に親から少しずつ辛味のある料理を食べるように訓練を受けたという人が半々ぐらいだった。タイの人のなかにもトウガラシの苦手な人もいるが、多くは中国人家庭に育った華僑系のタイ人だ。すでにタイに移住して三世代目以降になり、タイ語しか話せない人がほとんどなのだが、食文化は特別なようだ。

豊かな香辛料を自在に楽しむ――インドネシア

＊――米食とトウガラシの緊密な関係

阿良田麻里子

インドネシアは、多様な自然風土が展開する広大な国土に、数百の民族が住む多民族国家である。民族や地域によって、主食さえもコメから雑穀・芋・バナナ・サゴヤシまでバラエティに富み、料理の味付けもトウガラシの利用状況も大きく異なる。ごく大まかにいえば、インドの影響が強い西の方ではスパイスとトウガラシをたっぷり使うが、東へ行くほど単純な味付けになっていくといえる。東端のニューギニア高地にいたってはトウガラシもスパイスもほとんどまったく使わない。しかし、スマトラ・ジャワ・バリ・スラウェシなどの、西部から中部にかけての稲作が比較的盛んな地域では、トウガラシは日常に欠くことのできない重要な存在になっている。インドネシアの人口の大部分はここに集中しており、一般的には、この地域の食べ物が「インドネシア料理」と呼ばれている（阿良田二〇〇八）。ここでは、この地域の文化を中心に記述していくことにしよう。

この地域にトウガラシが西欧経由でもたらされたのは、十七世紀頃である。一六五三年にはすでにスンダ諸島においてトウガラシが日常に使用されていたという記述がある（ギュイヨ1987）。また、十九世紀初めにジャワの統治にあたったラッフルズは、トウガラシと塩でつくったサンバルと呼ばれる薬味は、料理に風味をつけるためにもっとも一般的で不可欠のものであり、どこにでも見られると述べている（Raffles1978）。

インドネシア語ではトウガラシ（*Capsicum annuum*）をチャバイあるいはチャベと呼ぶ。正式にはチャバイだが、日常会話ではチャベが使われる。ロンボック、リチャ、ラダなどと呼ぶ地方もある。もっぱら食用で、薬用にはほとんど用いない。赤トウガラシの乾燥品を粉にしたものも流通してはいるが、家庭で通常使うのはおもに生鮮品で、市場でも圧倒的に生のものが売られている（カラー口絵）。

代表的な栽培品種を紹介しよう。赤トウガラシは、サンバルと呼ばれるチリソースの材料としても、料理の味付けにも、非常によく使われる。品種は大きく分けて二種類ある。一般的なのはつやつやした鮮やかな赤色の辛味が比較的マイルドな品種で、長さはふつう一〇～二〇センチほど、大きいものは三〇センチにも及び、形も少し太めなので、チャベ＝メラッ＝ブサールつまり「大きい赤トウガラシ」と呼ばれる。辛い味を好むスマトラ各地では、チャベ＝メラッ＝クリティンつまり「縮れた赤トウガラシ」をよく併用する。辛味が強く、濃い赤色で、鷹の爪に似て表面にしわが寄って、細長く曲がっている。長さはふつう一〇～一五センチほどで、二〇センチを超えることもある。

どちらも青いうちに収穫したものは、「緑のトウガラシ」すなわち青トウガラシと呼ばれ、辛味は十分にあるが、野菜の一種として調理される。辛味のない細身の青トウガラシは見かけない。ピーマンはあまり一般的ではなく、パプリカあるいはチャベ＝パプリカと呼ばれて、辛いトウガラシと区別される。

チャベ＝ラウィット、すなわち「小粒のトウガラシ」と呼ばれているのは、キダチトウガラシ（*Capsicum frutescens*）である。実の長さが約一〜五センチと小粒だが、その強烈な辛さは「小さくてもキダチトウガラシ」という慣用句にも表れている。「小さくても非常に勇敢だ（賢い、危険だ）」という意味である。通常は緑色のうちに収穫するが、赤く熟したものを使うこともある。未熟のうちはクリーム色で、熟すと赤くなる品種もある。

キダチトウガラシは、おもにサンバルの材料として使う他、バナナの天ぷらやキャベツのかき揚げ、キャッサバやパンノキの実の素揚げといった軽食として食べる揚げ物に、丸のまま添えて、かじる。料理の味付けに使うこともある。ガドガドやロテックといった野菜サラダを屋台で買うと、その場で調味料や香辛料をすり潰してピーナッツソースをつくってくれるが、このときキダチトウガラシで辛味を調節するのである。アチャールという酢の物の一種にも、小さく切った生野菜に交えて小さめのキダチトウガラシを入れる。

＊——庶民の味サンバルとトウガラシ

サンバルは、トウガラシやキダチトウガラシとその他の調味料や香辛料でつくるチリソースの総称で、食べる人が好きなだけ取って、料理に添えて食べるものである。

屋台や食堂やレストランのテーブルには、必ずなんらかのサンバルが置かれている。刻んだトウガラシを醤油に漬け込んだ簡単なサンバルや、市販の瓶詰めのサンバルを置いておくだけの店もあれば、複雑な味付けの手の込んだ手づくりサンバルを何種類も用意する店もある（カラー口絵）。料理に合わせて調合したサンバルを小皿に取り分けて出す店もある。

市販品のサンバルは、ガラス瓶やプラスチックボトルに詰めた赤いペースト状のものが主流である。トップメーカーABCの「サンバル＝アスリ」は、材料表記や絵から判断するに赤トウガラシ・水・砂糖・塩・ニンニク・酢などでつくるものらしい。ケンタッキーフライドチキンやマクドナルドのようなファーストフードレストランでは、赤いペースト状のサンバルがトマトケチャップと対になってポンプ容器に入れて置かれ、取り放題になっている。日本食のファーストフードである「ホカホカベントー」も例外ではない。

サンバルはもちろん家庭でも食べられている。私が調査を行ったスンダ人の住む西ジャワ州の農村では、食事の献立の基本は、米飯・主菜（魚か肉か卵）・副菜（野菜）・サンバル・クルプック（マニオク澱粉の揚げせんべい）という項目から成っていた。サンバルの代わりに赤トウガラシか青トウガラシを使った主菜か副菜を用意してもよい。つまり、ここでは、カプサイシンの辛味が、献立をたてる際の重要な基準の一つになっているのである。手抜きをする場合には、ご飯とサンバルさえあればなんとか食事になる。

キダチトウガラシ　小粒だが辛さはごく強い。

スンダ人は他の民族と比べて、木の若葉やサヤマメや生食用のナスなど、生野菜やただ茹《ゆ》でただけの野菜をよく食べる。こういった野菜をララップ（インドネシア語ではララップ）と呼び、サンバルをつけて食べる。白い米飯に海老味のクルプック、主菜として塩干魚を揚げたもの、副菜としてラップとサンバルという組み合わせは、西ジャワ農村の日常食としてよく見られる。

村人はおもに生の材料をすり潰してサンバルをつくる。道具は浅い石のすり皿と石のすりこぎが一般的だが、素焼きのすり皿と木製のすりこぎ、木製のすり皿とすりこぎという組み合わせもある。村人がよく作る「サンバル＝トゥラシ」は、緑色のキダチトウガラシ・塩・ヤシ砂糖・トマトに、加熱した小海老ペースト（トゥラシ）でつくる、赤い色のペースト状のサンバルである。これは西ジャワに限らず広い地域で見られる。

サンバルの作り方や材料は、地域によっても個人によっても、合わせる料理によってもちがっている。私の手元には、添え物としてのサンバルだけを四〇種集めた料理書がある（Tim Boga GPU1996）。この本から、代表的なレシピをいくつか紹介しよう。

中部ジャワの「サンバル＝バジャック」は、粗く潰した赤トウガラシと小海老ペースト、ヤシ砂糖、塩、タマリンドの汁でつくったペーストを炒め、刻んだトマト、マメアデク（サラーム）の葉、レモングラスの茎やナンキョウを加えて煮込む。「サンバル＝バジャック」や「サンバル＝トゥラシ」は、どんな料理にも使える万能のサンバルである。

特定の料理に合わせてつくられるサンバルもある。西ジャワの「サンバル＝チョベック」は、赤トウガラシに、焼いたバンウコンやショウガやアカワケギやニンニク、揚げたククイナッツ、ヤシ砂糖、塩を加えてすり潰したものを油で炒め、ココナッツミルクとタマリンドの汁を加えて煮詰めたもので、焼いた鯉に添える。

色も赤だけではない。中部ジャワの鶏肉のあぶり焼き用のサンバルは、キダチトウガラシをすり潰して、ライム果汁と甘い醤油（ヤシ砂糖で発酵させた黒大豆のねっとりとした醤油）を混ぜたもので、黒い。ソト＝クドゥ

上段：村のサンバル＝トゥラシとララップ。

中段：ファーストフードレストラン「ホカホカベントー」の定食とサンバル。

下段：レストランでの食事風景。黒や赤のサンバルの小皿が見える。

スというスパイシーなスープ用のサンバルは、茹でた緑色のキダチトウガラシをすり潰して炒め、白砂糖と塩を加え、火から下ろしてライム果汁を混ぜたもので、緑色をしている。

すり潰さずにつくるものもある。北スラウェシのミナハサ料理の「サンバル＝ダブダブ」は、刻んだアカトウガラシ・キダチトウガラシ・アカワケギ・トマト・ライムの実・ホーリーバジルの葉を、塩とライム果汁であえる。焼き魚に添えるもので、さっぱりと辛い。

以上、添え物としてのサンバルを料理書から紹介したが、他に「サンバル＝ゴレン」(注1)と呼ばれる一品料理がある（カラー口絵）。たっぷりのアカトウガラシとスパイスや調味料をすり潰したブンブを炒め、主材料に絡めて煮詰めたものである。細切りのジャガイモやテンペ（大豆の発酵食品の一種。白く塊状になっている）、ジャコ、ピーナッツなどをカリカリに素揚げにして、炒めて水気を飛ばしたブンブを絡め、汁気を残さずパラパラに仕上げたサンバル＝ゴレン＝クリンは、ふりかけのようなもので、瓶に保存しておけば数週間はもつ。

汁気を残して仕上げるサンバル＝ゴレンもある。主材料をさいの目切りか大きな塊状で軽く揚げたりゆでたりしてから、スパイスペーストと水分を加えて煮込む。主材料になるものは、肉・レバー・砂肝・鶏卵・ジャガイモ・ナス・海老・ネジレフサマメなど数多いが、多種類の材料をまとめて入れることはなく、一つの料理には主材料は一種類か二種類である。これらは、もてなしにふさわしいご馳走と考えられている（カラー口絵）。

西ジャワ州の農村に戻ると、ここでは、数百人を招く婚礼や割礼の披露宴でも、スラマタンと呼ばれる十数人規模の儀礼でも、もてなしにはジャガイモのサンバル＝ゴレンと青トウガラシの炒め煮が欠かせない。他の料理は多くの選択肢から選ぶのに対し、この二つは必ず用意しなければならない定番なのである。

*――ブンブ（調味香辛料）

インドネシア料理には、サンバルやサンバル＝ゴレンだけでなく、炒め煮や蒸し物、バナナの葉の包み蒸し、竹蒸し、揚げ物、あぶり焼き、スープカレーのような煮物など、さまざまな料理法がある。その調味の基本は、やはり香辛料や調味料をすり皿とすりこぎですり潰してつくるペーストである。このペーストや、味や香りをつけるために使う食材全般のことを、ブンブと呼ぶ。サンバルで味を調節することは、食べる人が行う行為であるのに対し、ブンブで料理に味付けをすることは、調理をする人の行為である。

市場のブンブ専門店でペースト状のブンブを買うこともできる。手回し式のミンサーのような器械で各種の香辛料がペースト状にしてあり、料理名をいうと適当に配合してくれるのである。パックや瓶詰めにされた工場製品のブンブも市販されている。

インドネシアの料理を代表するミナンカバウ人の民族料理を簡単に紹介しよう。西スマトラを故地とする母系制のミナンカバウ民族は、出稼ぎの伝統があり、商売の才があることでも知られている。その民族料理であるパダン料理の食堂やレストランは、インドネシア各地だけでなくマレーシアやシンガポールなど近隣諸国にも広く分布しており、他民族の人びともよくこれを食べる。

パダン食堂では、完成品の料理をショーウィンドーに常温で並べてある。庶民的な食堂では、入り口で好きなものを選んで、米飯とおかずを皿に盛り合わせてもらう。高級レストランでは、テーブルにつけば、頼まなくても小皿に取り分けた料理がずらっと並べられ、食べた分だけを支払うシステムである。

スープカレーのようなグライやカリオ、スパイシーなブンブで角切りの肉をじっくり煮詰めた茶色のルンダンなどの料理がポピュラーである。ブンブとして複雑なスパイスを用い、トウガラシやココナッツミルクを多用し、しっかりと加熱した魚や肉の料理が多いのが特徴である。手が込んでいてご馳走感があるので、他民族の人びとももてなしによくこれを利用する。

パダン料理は、もっともトウガラシをよく使う民族料理の一つでもある。あるパダン料理の本では、全二九種のレシピのうち、一種がキダチトウガラシ、二三種が赤トウガラシを使った料理で、トウガラシを使わないレシピは五種類だけだった（Sufi 2006）。ジャワ料理やスンダ料理では料理そのものはあまり辛くせず、サンバルで辛味をつけるが、パダン料理では、料理そのものが辛く、さらに好みでサンバルを使うこともできる。

ちなみに、私の見聞の限りでは、インドネシアの料理のなかでもっとも辛いのは、北スラウェシのミナハサ料理である。地名をとってマナド料理とも呼ばれる。鶏肉や魚の「リチャリチャ」と呼ばれる料理や、前述の「サンバル＝ダブダブ」などがよく知られている。パダン料理とはちがって、複雑なシードスパイスやココナッツをほとんど使わず、アカワケギやショウガの仲間を使った基本の味付けに、キダチトウガラシやトマトやライム果汁をたっぷり加えた、シャープな辛さのさっぱりとした味付けが特徴的だ。

以上見てきたように、少なくとも西部および中部インドネシアの人口密集地域では、トウガラシは民衆の生活に深く浸透しており、食事には、ほとんどの場合なんらかの形でトウガラシを使った料理が並ぶ。トウガラシ抜きで「インドネシア料理」らしい献立を整えることは不可能である。インドネシアからのお客を食事に招くならば、どんな料理でもそっとサンバルを添えてみるとよい。そうすれば、異国の味に疲れた日本人が醤油

上段：スマトラ北部の市場で売られるトウガラシ。

中段右：パダン食堂。ショーウィンドーに料理が並ぶ。
中段左：パダン料理

下段：市場のブンブ専門店ペースト状のスパイスが並んでいる。

に巡り会ったときのように喜んでもらえるだろう。食べ慣れない外国の料理でも、サンバルさえつければ、なんとか馴染みの味に近づくのである。

（注1）ゴレンという語は、調理に使う油の多少を問わず、加熱調理をして最終的に汁気があまりなく油のある状態に仕上げることを表す。炒飯をナシ＝ゴレン、鶏の唐揚げをアヤム＝ゴレンと言う。

【参考文献】

阿良田麻里子『世界の食文化6　インドネシア』農文協、二〇〇八年
ギュイヨ『香辛料の世界史』白水社、一九八七年
Nur Tjahjadi, *Bertanam Cabai*, Yogyarta: Kanisius 1991
Raffles, *The History of Java*, Oxford : Oxford University Press.1978(初出1817)
Rumphius, G. E. 1747, *Amboinsche Kruidboek* vol. 5, Amsteldam: Hagæ Comitis.
Sri Owen, *Indonesian Regional Food and Cookery*, London: Doubleday. 1994
Sufi S. Y., *Masakan Padang Populer ala Resto*, Jakarta: Gramedia Pustaka Utama. 2006,
Tim Boga GPU, *40 Selera Sambal Indonesia*, Jakarta: Gramedia Pustaka Utama. 1996

フィリピンとトウガラシそしてシニガン

＊——家庭の味のするスープ

吉田よし子

もう四〇年以上昔の話になるが、最初にフィリピンのトウガラシに出会ってドギモを抜かれたのは「フィリピンのトウガラシは小粒でピリリどころか、目が回るほど辛い」ということだった。トウガラシにも何種類かあり、淡い緑色をしていて肉は薄く、全体がちぢれたように皺《しわ》になっていて、長さも大きいものでは一〇センチを超すものと、濃い緑色でノッペリした肉厚で、やや小型のもの、さらに小指の爪を縦に半分か三分の一ほどにした大きさで、小さくて猛烈に辛いものなど、大きく分けて三種類のトウガラシがある。このうちいちばん小さくて猛烈に辛いものをシリンラブヨと呼ぶ。

小さな庭があるような家ならたいていこの小粒トウガラシを最低でも一本は持っている。

フィリピンでいちばんポピュラーというか、毎日の食卓に欠かせないのは「シニガン」というあっさりした酸っぱい塩味のスープである。日本の普段の食卓に味噌汁が欠かせないように、フィリピンの食卓には、何はともあれシニガンと呼ばれる、野菜のたっぷり入った、このスープが欠かせない。酸味はふつうカラマンシとフィリピンで呼んでいる、親指の先ぐらいの大きさ、つまりキンカン大のまん丸い柑橘を絞って使う。タマリンドというマメ科の植物の若い莢《さや》を煮て絞った酸っぱい汁を使えば本格的だが、柑橘類などの酸っぱい汁ならなんでも使える。お酢は使わない。温めたとき酢の匂いが出て、スープの風味を損ねるからだ。日本なら酸っぱいミカンやレモン、ダイダイや夏ミカンなどを絞って使えばよい。私は庭にたくさん実っていたキンカンの果汁を使ったが、これも悪くなかった。夏ミカンも使えるしグレープフルーツもよい。お正月のユズが残っていれば、これを絞ったものでもよい。シニガンの特徴は、さわやかな酸味にあるからで、なければクエン酸を使おう。

野菜はトウガラシの葉っぱや、ありあわせの青菜、さらに庭から摘んできた草の葉、ときには柔らかい若い木の葉なども使い、出汁《だし》には魚のあらや豚肉の骨付き肉などを入れればよい。小魚や大きな魚の頭やカマでもあれば、贅沢なご馳走になるし、豚の骨付きのリブを使ったものは子どもたちも大好きなご馳走である。さらに海老や蟹などを使えば、立派なおもてなし料理になる。野菜はダイコンやトウガラシの葉、ネギやなければタマネギなどを入れる。さらに大型で、淡い緑色をした、全体に肉が薄くて、チリチリとちぢんだタイプのトウガラシもあり、これはあまり辛くないので、種とへたを除いて丸ごと入れられる。

味付けには魚醤油があれば結構だが、わざわざ買わなくても、日本なら、たとえば能登特産のイシルなどが手元にあったら、ぜひ使ってみてほしい。ビックリするほどおいしいスープができるはずだ。

さて問題は小さい、まるで小指の爪を半分か三分の一ぐらいにした小さなトウガラシである。このトウガラシ、知っていれば避けて食べれば大丈夫なのだが、最初にシニガンを食べる人は、こんな小さくて辛いトウガラシがあるなんてことはご存知ない人がほとんどだから、他の野菜などといっしょに口に運んでしまい、食事どころではない大騒ぎになることもままある。

私も初めてのとき、だれも教えてくれなかったので、涙をこぼして洗面所に逃げ出す結果になった。以後、シニガンを食べるときにはそれこそ慎重に、入っている野菜や肉をひっくり返してこのトウガラシを探し出して追放してから口に運ぶようになった。

市場で売られているトウガラシ。大小形もさまざまだが、「シリンラブヨ」という小指の爪の半分ほどのトウガラシは涙が出るほど辛い。

かくして、フィリピンに到着した日本からのお客様を、フィリピンの方のお宅に案内して、いっしょに食卓に付くようなときには、前もってこのトウガラシの話をして、よほど辛いものがお好きな方以外は、注意深くより分けて食べるように注意して差し上げるのが私の役割になった。

実際見ているとフィリピンの方でも、このトウガラシを丸ごと食べる方は少ないようで、一部の辛いもの好きの方を除いては、皆さん上手に残している。なお、トウガラシの葉っぱは全然辛くなく、どこかトウガラシを思わせる、たいへん香りいいハーブとして食べることができる。ピーマンの葉も同様に使えるので、庭でトウガラシやピーマンを栽培なさっている方は、若葉を摘んでスープに入れてみてほしい。無料で手に入るアオミであり香味野菜として、今まで利用しなかったのを残念に思うくらいである。とくに鯛のあらなど、白身の魚でシニガンをつくったときのスープには合う。こんないいハーブがあったのかとびっくりすることはうけあいだ。案外日本風の魚のあらなどを使ったお吸い物などにも、トウガラシの葉をアオミとして使えば悪くないかもしれない。

トウガラシやピーマンを、ベランダや庭の隅で栽培している方は、この際、ぜひトウガラシやピーマンの葉を試食してみよう。こんなミネラルもビタミン類も豊かな立派な素材が、ハーブとして利用できることを今まで知らなかったのが悔やまれるはずだ。フィリピンでは特に魚介類のシニガンには、トウガラシの葉がよく合うという。なおトウガラシの葉は、若くて柔らかいものであれば食べてもおいしい。

日本でも収穫期のトウガラシの葉を集めて佃煮にする習慣はあるが、こういった魚や肉を使ったスープにハーブとして使えることは知られていない。フィリピンは熱帯だから一年中暑い。そんな気候のなかでシニガンスープは食欲増進剤としても有効であるばかりでなく、酸っぱいので昼につくったスープの残りを夕食にも食べることができるし、夕方、一回火を通しておけば翌日まで保存することもできる便利な料理なのだ。

日本でも暑くて食欲の落ちる夏の食卓に、魚のあらや肉の細切れ、あればあばら肉など、骨付きが手に入れば最高なのだが、これらを巧みに利用して、トウガラシといっしょに葉をたっぷり加えてシニガンスープをつくってみてほしい。トウガラシの葉には独特な香りはあるが、辛味は一切ないので、辛いのが苦手な人もトウガラシの葉は問題なく食べられる。

ここに簡単なシニガンスープのつくり方を書いておく。

タマリンドが入手できれば莢の殻を除き、褐色の果肉をまとった種《たね》をヒタヒタの水にしばらく漬けておく。

次によく揉んで種から果肉をはがし、布巾で絞ればタマリンドジュースができる。熱帯ではまだ若い硬いタマリンドの莢も使うが、その場合は莢を丸ごと、あるいはいくつかに折るか切って煮て、軽く絞った汁も使う。どうしてもこういった酸味や果物が入手できないときは、酸っぱい果物を使ってほしい。クエン酸も使えるが、まちがっても酢は使わないこと。

○シニガン（酸味のあるスープ）

材料　米のとぎ汁　4から5カップ

よく熟したトマト　大1個　皮を剥き潰す

タマネギ　1個　輪切り

オクラかサヤインゲン、あるいはサヤエンドウ　人数分

青菜か白菜の葉　数枚、適当に切る　フィリピンでは水の中で育つサツマイモの仲間であるカンコンの蔓先が柔らかい、食べやすい野菜として広く利用されている。

シニガンの味付けに使うタマリンド（右上）とカラマンシ（左上）。サツマイモの仲間であるカンコン（右下）は、蔓先の柔らかい部分を使う。写真の右にあるのは細葉カンコン、左側は野生に近いカンコン。

シニガンには好みでキノコ類や短冊に切ったダイコンなども悪くない。

ニンニク　1片
タマリンドのジュースか、レモンジュース　好みで大匙1から3杯
トウガラシ　1個か2個。辛いのが好きなら種ごと、さもなければ種を除く。
有頭海老　大きければ人数分、小さいときは適宜。ただし、必ず頭つきを使おう。海老の頭からは絶妙な味がスープに出る。
魚醤油　少々

鍋に米のとぎ汁を入れて火に掛け、海老の茹で汁も加えて煮立ったらタマリンドの汁かレモンジュースと魚醤油、そして塩を好みの量加え、トウガラシと、火の通りにくい材料から順に入れていき、最後に海老を入れる。味付けは塩でもよいが、あれば多少でも魚醤油を補うと、ぐんと味がよくなる。

はっきりいってシニガンは日本の食卓の味噌汁に匹敵するスープである。日本の食卓といっても最近ではない、昔からの農家の食卓に欠かせなかった味噌汁を考えてもらうといいと思う。ちょっと余談になるが、日本でも戦争中などは味噌汁の出汁を取った後の煮干を、そのままでは食べ難いので、我が家では母がわざわざ醤油やアジノモトなどを加えて煮直して、育ち盛りの私たちにオヤツとして食べさせてくれたことがあった。私たちが「エー、ニボシ?」などというと、「ニボシには貴方たちの体をつくるのに大切な成分がいっぱい入って

いるの。いまはいろいろなものが手に入らない時期だから、育ち盛りの貴方たちには、せめてこんなものでもおいしく食べてもらおうと思ってお母さんは工夫したんだから、食べてみて」といわれて、最初はシブシブ、食べ始めたらおいしいので、すっかり平らげて母を喜ばせたこともあった。

＊——和食にも似たマイルドな味が好まれる

とにかく日本の人は、フィリピンも含めて東南アジアの料理というのはスパイシー、あるいは辛いという先入観を持っている人が多いのではないだろうか。私もそうだった。しかし少なくともフィリピン料理に限って言えば、確かに辛いものもあるが、辛くないもののほうが多い。つまりあまり辛くない、日本料理に似ているものが結構あるということを、強調しておきたい。じつは、フィリピン料理は東南アジアのなかではいちばん和食に似ているといってよいと思う。

主食はご飯であり、食べる量もハンパではない。冷めるとインディカ米なのでパラパラになるため、ガーリック入りのチャーハンにすることが多い。揚げた魚もよく食べる。ここではフィリピンの典型的な料理としてシニガンの他にパンシット・ビーフン、アドボを挙げておこう。

ビーフンは米粉でつくった乾燥麺である。これを水、あるいはぬるま湯で戻し、小海老や肉、野菜といっしょに炒め、食べるときにカラマンシーを絞る。味付けは魚醤油だが、醤油でも十分いける。基本的には日本の焼きビーフンに近い。

アドボは豚肉、鶏肉、あるいは烏賊などをニンニク、酢、醤油、粒胡椒を加えて煮込んだ料理である。フィリピン料理のなかでも、もっとも日本人には評判のいい料理の一つといってよい。日本では肉はすべて皮を除いて料理するが、アドボには鶏も豚も皮付きのほうが絶対おいしい。皮から溶け出したゼラチン質で、料理全体にトロミがつき、絶妙な舌触りになるからだ。酸味のある果物や野菜と粒胡椒を使うということ以外では、日本の煮物に近い味がする。

お祭りなどのときにはレチョン、つまり豚の丸焼きが欠かせない。レチョンの特徴は、豚の内臓を取った後、丸ごとの豚に丸太を口からお尻まで通し、これを回転させながら焚き火で焼き上げる。豚の皮が、拳で叩けばパリッと割れる状態にまで焼き上がればでき上がりだ。日本でおめでたいときには鯛を一匹丸ごと焼いたものを「尾頭付き」と称して必ず添えるのと同様である。

話がそれた。トウガラシに戻ろう。トウガラシの赤い色素はβ-カロテン。β-カロテンは体内でビタミンAに変わるから、私たちの健康に欠かせない大切な成分といえる。しかも安定性抜群だから、冬の長い地方などでは貴重なビタミン源となっている。つまり野菜が不足する冬の食卓に登場する白菜の漬物に、赤いトウガラシが添えられていることは彩りだけでなく、ほのかな辛味が食欲をそそるうえに、私たちの体内に入ると、赤い色素はビタミンAになってくれるからだ。青い野菜の不足しがちな冬季の食卓に添えられる白菜の漬物にトウガラシを添えるのは、彩りだけではなく、栄養学的にも理にかなっているといえよう。

辺境で超激辛トウガラシの誕生か？——ネパール

＊——低緯度ながら多様な気候分布が豊かさをもたらす

松島憲一

私の所属する信州大学の植物育種学研究室では、一九八〇年代からネパールでの遺伝資源探索などの現地調査を行ってきている。最近では同じヒマラヤ山麓のブータン王国へ調査・研究の中心がシフトしてきているが、ヒマラヤ地域での研究活動はいまなお続けられているのである。

われわれが、このネパールなどのヒマラヤ地域に注目するのは、この地域が低緯度高標高地域であることに他ならない。ネパールの国土は東西に広く南北に短い横長の形であるが、その標高は南北間でかなり大きな差がある。北部はヒマラヤ山脈に沿っており、世界の最高峰サガルマータ（エベレストのことをネパール語ではこう呼ぶ）を擁している。反対に南部のインドと国境を接する地域はタライ平原と呼ばれる標高の低い平野であり、国内の最低標高は七〇メートル程度である。首都カトマンズは北緯二七度四二分であるので、同様の緯度にある奄美諸島の徳之島（北緯二七度四六分）がそうであるように、カトマンズも亜熱帯性気候となるはずである。確かに標高の低いタライ平原は亜熱帯性気候が占めており、この地域にあるチトワン国立公園ではゾウに乗ってジャングルに息づくサイやワニ、ヒョウなどを見てまわることができる。しかし、北上するにしたがい、標高も上がってくるため、徐々に気候が変化していき、標高一三五〇メートルの首都カトマンズではもっとも気温が高くなる七月の平均気温が約二四度、もっとも低くなる一月の平均気温が約一〇度という温帯のような気候条件となる。さらに標高が上がってくるとどんどん気温も下がり、標高約四〇〇〇メートルで森林限界、五四〇〇メートルから上は万年雪に覆われる。このように標高差の激しいネパールでは、標高によって植生も変化していき、動植物種の「垂直分布」が見られる。このため水平方向の移動距離が短くても植生の変化が大きくなることから、地域内の生物の多様性が大きくなるのである。これについては農作物でも同じで、標高の低い一〇〇〇メートル以下の地域ではおもに稲が作付けされており、一〇〇〇〜三〇〇〇メートルの地域ではトウモロコシが、さらに標高が高くなる地域ではジャガイモやソバの作付けが主になってくる（南ら一九九八）。さらに稲と一口にいっても高冷地向けの品種、亜熱帯向けの品種とさまざまなタイプの品種が標高にあわせて栽培されており、同一作物でも地域内での品種の多様性が大きくなるのである。農作物の遺伝資源や育種に関する研究をしているわれわれにとっては、このような豊かな多様性に興味が惹かれるのである。

トウガラシについても例外ではない。前述のとおり、私たちは過去にネパールでの現地調査を行ってきたが、インド国境の低標高地域から、最高で三一〇〇メートルというかなり標高の高いところに位置する村までに栽培が確認されている（南ら一九九八）。過去のネパールでの現地調査記録にある各地域におけるトウガラシの呼称名を改めて数えなおしてみると二一種類にのぼった。さらに他の論文等（福田・阪本一九七六、福田一九七八、福田一九八四、山本ら一九九一、Baral and Bosland 2002）に記載のあるトウガラシの呼称名を合わせると約四〇種類

ネパール中部、ポカラの町から見た、ヒマラヤの名峰マチャプチャレ（右のピーク、6993m）。

は確認できることからも、ネパールにおける多様な在来トウガラシの存在がうかがえる。これらはトウガラシを意味する「クルサニ」の前に、それぞれラーモ（長い）、ダーレ（丸い）、チョト（小さい）、サノ（小さい）、トゥーロ（大きい）、アカセ（空の、上向きに果実が着くという意味か）といった果実形態を示す言葉が付いた呼称や、ダラン、ダンクトといった産地と思われる地名をつけて呼ばれており、栽培者、利用者によって明確に区別されて使われていることがわかる。

＊――トウガラシはおかずのアクセント

こんなにたくさんの種類のトウガラシが使われているネパールであるので、さぞ、ネパール料理は激辛料理なのだろうと想像されるかもしれないが、じつは意外とマイルドな辛さなのである。首都カトマンズや観光の町ポカラなどの外国人も入るような食堂では、いわゆるインド料理的なカレーとご飯、カレーとナンといった料理が多いが、一般的なネパール庶民は「ダル・バート・タルカリ」が毎日の食事となる。「ダル・バート・タルカリ」の「ダル」は豆のスープ、「バート」はご飯、「タルカリ」は野菜のおかずのことを示すネパール語である。たいていは、これに「アチャール」と呼ばれるスパイシーで酸っぱい漬物がつく。これらの料理が区切りのあるアルミの皿（昔の学校給食の皿を思い浮かべてもらえればよい）に盛り合わされて出てくる、いわゆる定食なのである。

豆のスープ「ダル」はレンズマメまたはキマメなどのスープである。アルミのカップに入っていて、そのままスープとして飲んだり、ご飯にかけて食べたりする。ダルは日本人にとっての味噌汁のように、ネパール人にとってなくてはならない料理のようだ。また、野菜のおかず「タルカリ」はカレー風のスパイシーな味で調理されていることが多く、たとえばからし菜の炒め物だったり、ジャガイモの煮物だったり、それぞれの季節の野菜が使われる。これにご飯であるが、もちろんインディカ種の長粒米で、皿に山盛りになっていることが多く、食堂などではお代わりもし放題で、断らないとどんどん盛られたりする。もう、二〇年近く前になるが、ネパール中部、標高約二八〇〇メートルのジョムソンの町からムスタン街道を半日歩いて下ったところにある村、マルファに数日間、滞在したことがある。当時、この村には我が学友で現在は同僚でもある根本和洋氏（現、信州大学大学院農学研究科）が青年海外協力隊員として赴任していたので、滞在中は彼の下宿先に宿泊させてもらった。明治時代に単独でチベットに渡った河口慧海も、この村に滞在してチベットへの潜入の機をうかがっていたというから、日本人には因縁浅からぬ村なのである。滞在中は食事も村人と同じもの、すなわち、ダル・バート・タルカリを食べさせてもらっていた。ある日の夕食のメニューは、ジャガイモとキャベツのタルカリ、黒っぽい豆（ケツルアズキ？）と去勢山羊肉の入ったダル、大根のアチャールというメニューだった。このときのダルには珍しく肉が入っていたのだが、根本氏の話によると、ダルに肉を入れるのは、この辺りに住むチベット系のタカリ族だけの習慣なのだそうだ。

この村のダルだけではなく、ネパール国内の他の村や町で食べたときもそうだったのだが、ダル自体は辛くすることはないようだ。その一方で、タルカリとアチャールにはトウガラシをはじめとしたスパイスが使われており、その味付けは辛くすることが一般的だ。しかし、その辛味はタイ料理やブータン料理のように汗が噴き出すようないわゆる「激辛」ではなく、前述のようにマイルドな辛さなのである。ただし、別皿に盛られたスライスしたキュウリや生のタマネギとともに生のハリヨ・クルサニ（青トウガラシ）に塩を少しつけてサラダ代わりに丸のままボリボリとかじる食習慣もあるので、ネパール料理としてのダル・バート・タルカリ自体はマイルドな辛さであるが、食事全体をトータルとしてみれば、この青トウガラシの丸かじりが底上げして、結構辛いといえるのかもしれない。

＊――かわいらしい形と色に隠された「殺人的」辛さ

さて、話をネパールの多様な在来トウガラシに戻す。我が研究室のOBでネパールへ青年海外協力隊員として赴任していた松浦和哉氏（現、茨城県農業総合センター農業研究所）の話によると（松浦・南一九九九）、彼がいたスンダバザール村では、ラーモ・クルサニ（ラーモは「長い」という意味）と呼ばれるトウガラシがもっともよく使われているのだそうだ。ラーモがもっともよく食べられるトウガラシであるということについては、前述のマルファ村に赴任していた根本氏も同意見であった。地元農民の話によるとこのトウガラシは「ちょうどよい辛さ」であり、自分たちの食べる分以外はマーケットに売りにも出しているそうだ（松浦・南一九九九）。ちなみに、このラーモ・クルサニは日本でも一般的なトウガラシであるCapsicum annuumに分類される。

このラーモ・クルサニ以外にも様々な在来トウガラシが存在することは前述の通りであるが、その中でも特に特徴的なトウガラシを二種類紹介しておく。その一つがダーレ・クルサニというトウガラシである。ダーレ・クルサニの「ダーレ」とはネパール語で「丸い」という意味であり、その名の通り、果実が丸いかわいらしい形をしており、熟れて赤くなると、色も大きさも形もサクランボのように見えるのである。が、しかし、このかわいらしい形に惑わされてはいけない。このダーレ・クルサニとほとんど同じであるが、少し大きめの果実を着ける品種があり、現地でジャンマラ・クルサニと呼ばれている。この「ジャンマラ」とは「人殺し」という恐ろしい意味なのである。この名前から、その辛さたるや殺人的であるということが読み取れる。さらに、ジャンマラ・クルサニ同様にダーレ・クルサニとほとんど同一であるが、果実先端が尖っているタイプのランゲ・クルサニと呼ばれているものもある。この「ランゲ」とは水牛を意味し、友人のネパール系ブータン人の研究者にいわせると、このトウガラシ一個で水牛一頭分の肉を味付け（辛味付け）ができるというのだ。しかし、これぐらい誇張されたとしても、「もしかしたら、そうなのかもしれない」と思ってしまうくらい辛い品種なのである。実際に以前、私の研究室で、このダーレ・クルサニの辛味成分であるカプサイシノイド含量を計量したところ、乾燥果実一グラムあたり二万二七〇〇マイクログラムを含むことがわかった（南ら一九九八）。日本で一味唐辛子や七味唐辛子の原材料となる品種「三鷹」が乾燥果実一グラムあたり二五〇〇マイクログラム程度なので、それと比較すると、ダーレ・クルサニの辛さがずば抜けていることがわかる。

＊――ネパールを舞台に新たなトウガラシの誕生か？

さて、トウガラシには栽培種が五種あって、そのうち、アジアでは三種が栽培利用されている。日本でも栽培され世界でも最も一般的な種とされる*C. annuum*、熱帯・亜熱帯で栽培される小型果実品種の多い*C. frutescens*、この*C. frutescens*と近縁で丸みを帯びた果実品種が多い*C. chinense*の三種である。私たち研究者は種の同定を行うときに、それを見分けるための特徴「キーキャラクター」に注目するのであるが、トウガラシの場合は花の色や模様、花の着き方、果実と萼《がく》のつき方などで判断する。しかし、困ったことに、このダーレ・クルサニの場合は、前述のアジアで栽培されている三種の性質が混ざり合って見られるので、なんとも種の分類がしにくい。これを解決すべく、私たちはこれら三種に属する品種とダーレ・クルサニの交配実験をしてみた（松島ら二〇〇五）。正常に種子が得られた栽培種が、このダーレ・クルサニと同じか近い仲間であると考えられるので、それを確かめようとしたのである。この結果、ダーレ・クルサニを母親にして交配した場合は、果実は着くのだが、ほとんどの種子が「しいな」の種子（中身のない種子）であった。逆にダーレ・クルサニの花粉を、これら三つの栽培種に掛け合わせたところ、*C. frutescens*、*C. chinense*の両種との間の交配では比較的中身の充実した種子が得られたが、*C. annuum*との間での交配では半分か、それ以上の種子は中身が詰まっていなかっ

ネパールの超激辛トウガラシ「ダーレ・クラサニ」

た。また、これらダーレ・クルサニの花粉を掛け合わせて得られた雑種種子は、いずれもまったく発芽しなかった。この交配試験の結果からは、ダーレ・クルサニはいずれの栽培種からも遠い関係にあるようだ。さらに、DNAを調べて種間・品種間の類似性を調べたところ、ダーレ・クルサニは遺伝的には*C. annuum*のグループに含まれるものの、このグループ中でも*C. frutescens*や*C. chinense*に近いという結果になったが（小仁所ら二〇〇五b）、ダーレ・クルサニと同一品種であるアクバレ・クルサニを用いた同様の実験の場合、*C. annuum*のグループには含まれなかったという、私たちの結果と相反する報告もある（Baral and Bosland 2002）。結局、ダーレ・クルサニの正体はもう少し調べないとわからないようだ。

もう一つのネパールで特徴的な品種がジレ・クルサニである。前述のネパール系ブータン人の友人にこの「ジレ」の意味を聞いてみたら、「背が低くても強くてアグレッシブな人のことを指す言葉だ」と教えてくれた。確かに、ジレ・クルサニの果実は細めで小さいのだが、その辛さはかなり強い。日本風にいえば、「山椒《さんしょう》は小粒でピリリと辛い」といった感じになろうか。この品種についても、私たちの研究グループでカプサイシノイド含量を量ったことがあるのだが、これによると乾燥果実一グラムあたり約二万マイクログラムのカプサイシノイド含量があることがわかった（小仁所ら二〇〇五a）。この品種も前述のダーレ・クルサニ同様、かなり辛い品種であることが数字からもわかる。さらにこの品種、われわれの研究室で栽培してみたところ、後代で日本でも栽培される一般的なトウガラシの*C. annuum*タイプと熱帯・亜熱帯で栽培されるトウガラシの*C. frutescens*タイプに分離したこと（小仁所ら二〇〇五a）、さらに、DNAを用いた前述と同様の解析の結果、*C. annuum*グループに属しながらも*C. frutescens*に非常に近い結果となったことから（小仁所ら二〇〇五b）、ジレ・クルサニは*C. annuum*および*C. frutescens*両種の自然交雑の結果できた品種ではないかと推測された（小仁所ら二〇〇五a）。

＊──トウガラシに陰を落とす政情と環境変動と

このようにネパールに特徴的でかつ遺伝的にも特殊な二品種であるが、最近では食生活の変化などから、現地では「辛すぎる」として、徐々に人気がなくなってきているのだそうだ（松浦・南一九九九）。また、日本で一般的に香辛料用品種として栽培されている三鷹系品種に似た、果実が上向きで房なりになるプサジョラワと呼ばれる品種が広がってきていること（松浦・南一九九九）、ジャパニ・クルサニ（日本のトウガラシ）という名前の品種も私たちの現地調査記録に記載されていることから、在来品種以外の、日本をはじめとする他地域からの開発品種が導入されつつあることが推察される。さらに、長らく続いた政情不安により、地方の農民の生活が圧迫されているようにも見受けられる。そのうえ、近年の地球温暖化によりヒマラヤの氷河湖が決壊の危険をはらんでいるという警告もなされている。今後、低緯度高標高という特殊環境により遺伝的多様性が高いはずであるネパールのトウガラシやさまざまな農作物が、さらに同国の農村やあの美しい自然環境が、どうなっていくか心配である。

（謝辞）本稿を作成するに当たり、本文にも掲載した根本和洋氏、松浦和哉氏に現地の詳細な状況をお教えいただいた、記して感謝申し上げます。

【参考文献】

小仁所邦彦・南 峰夫・松島憲一・根本和洋「RAPD法によるトウガラシ属の類縁関係の解析および種の同定」『園芸学研究』四:二五九-二六四、二〇〇五a

小仁所邦彦・南 峰夫・松島憲一・根本和洋「トウガラシ属（*Capsicum* spp.）におけるカプサイシノイドの種間および種内変異の解析」『園芸学研究』四:一五三-一五八、二〇〇五b

Baral, J. and P. W. Bosland. Genetic diversity of a *Capsicum* germplasm collection from Nepal as determined by Randomly Amplified Polymorphic DNA markers. *Journal of the American Society of Horticultural Science* 127:316-324. 2002.

福田一郎「ネパールの栽培植物について」『シンポジウム・ネパール』第五-六回:七二-七五、一九七八年

福田一郎「ネパールの香辛料に関する研究」『東京女子大紀要論集』三四（三）:七四一-七六二、一九八四年

福田一郎・阪本寧男「ネパールのむらと栽培植物」『自然』三一（八）:四四-五三、三一八、一九七六年

松浦和哉・南峰夫「ネパールにおけるトウガラシ栽培の現状とこれからについて」『長野県園芸研究会第三〇回研究発表会講演要旨』八四-八五、一九九九年

松島憲一・番匠弘美・南 峰夫・小仁所邦彦・松浦和哉・根本和洋「ネパール産トウガラシ・ダーレクルサニと栽培種トウガラシの類縁関係」『長野県園芸研究会第三六回研究会要旨』三八-三九、二〇〇五年

南 峰夫・豊田美和子・井上 匡・根本和洋・氏原暉男「トウガラシ（*Capsicum* spp.）果実の辛味成分含量の経時的変化」『信州大学農学部紀要』三五（一）:四五-四九、一九九八年

南 峰夫・根本和洋・氏原暉男「ネパールにおける新大陸作物の収集とその評価」『信州大学農学部紀要』三五（一）:三七-四三、一九九八年

すべてはトウガラシとともに——ブータン、トウガラシ絵巻

上田晶子

ブータンへ行く、というと多くの人は、雪に覆われたヒマラヤの峰々を連想するらしい。「今頃は、もう寒いですか?」と聞かれることがしばしばある。しかし、この国の、ホットな一面は意外と知られていないようだ。

ブータンの食事にはトウガラシが大量に使われる。人びとは、一日三食、トウガラシを食べ、週末の野菜市場では、キロ単位でトウガラシを買う。ブータンは、「国民総幸福量(GNH: Gross National Happiness)」の増大をめざす開発政策で最近注目を集めつつあるが、GNHの「H」はHappinessだけでなく、じつは、「Hotness」でもあるのではないかと考えてしまう。

*——「トウガラシがなかったら、どうやって料理をしたらいいか…」

私が初めてブータンを訪問したのは、今から一五年近く前のことになる。初めての滞在で出会ったのは、赤米とともに食される多くのトウガラシであった。生の緑色、乾燥させた赤色。ベージュ色のものは、一度お湯に通した後、乾燥させたもの。どこへいってもカラフルなトウガラシたちが、食卓をスパイシーに彩っていた。

ブータン農業省のあるお役人によると、「ブータンの一人当たりのトウガラシ消費量は世界一」だそうだ。そのようなデータがあるのかどうかわからないけれども、ともかくブータン料理は辛い。ほとんどすべてのおかずにトウガラシが使用され、一つのおかずに粉末と丸のままといった具合に、二種類のトウガラシが用いられていることもよくある。首都ティンプに住む友人は、四人家族で、夏には毎週約二キロの生トウガラシを買うといった。別の友人は、「トウガラシがなかったら、どんなふうに料理をつくったらいいかわからない」といっていた。事実、トウガラシのない料理を食べるときのブータン人の食欲は、目に見えて落ちてしまう。そして、何よりも重要なことは、ブータン人は、トウガラシを、スパイスではなく「野菜」としてとらえている点である。トウガラシは、何かに「加える」ものではなく、それ自体を「食べる」、そして、「味わう」ものなのである。緑色の鮮やかな生トウガラシの鼻にふっと抜ける風味や、天日干しされた赤いトウガラシのサン・ドライド・トマトにも似た香りが辛さと一体になった味わいは、ブータン料理のおいしさである。もう一つ重要なことは、トウガラシには「代用品がない」ということだ。コメがなければ、ソバやトウモロコシを、ダイコンがなければカブをという具合に、多くの食品にはその代わりに用いられるものがあるが、トウガラシはトウガラシであって、その役割を代わってくれるものはない。そして、それが野菜として大量に消費されるとなると、その入手は死活問題といっても過言ではない。

＊――どうやってトウガラシを入手するか

ブータンは、国土のほとんどがヒマラヤ山脈のなかにあり、標高差がそのまま、気候の差となる。ブータンで、トウガラシは、標高二七〇〇メートルを超えたあたりが栽培の限界といわれているが(注1)、トウガラシが育たないところに住む人びとも、トウガラシを食べる。したがって、どうにかしてトウガラシを手に入れなくてはならない。最近は、道路網の発達により、近くの商店で「買う」という人が増えつつあるが、昔ながらの物々交換もまだまだ健在である。たとえば、標高が高くジャガイモの栽培が盛んなポプジカ(標高約三〇〇〇メートル)には、秋になると標高の低い近隣の村むらから、人びとが生のトウガラシを運んでくる。そのトウガラシとジャガイモを交換して、天日にさらして乾燥し、保存する。ヤクを飼って主に生計を立てている人びとは、ヤクのバターやチーズとトウガラシを交換する。

これは、標高が高いためトウガラシの栽培が不可能な地域の人びとによる、物々交換によるトウガラシの入手方法であるが、トウガラシの栽培が可能な地域でも、標高差を利用した時間差の物々交換が行われている。標高が一二〇〇メートルほどの地域ではトウガラシの収穫が雨季に当たってしまうので、トウガラシを乾燥させることができない。湿度が高いために、カビが生えてしまうのである。そこで、この地域の人びとは、標高二〇〇〇メートル付近の村に、収穫した生のトウガラシを持っていく。標高の高いところでは、気温が低いために、トウガラシの収穫までには、まだ時間がかかる。したがって、早い時期の生のトウガラシは大歓迎される。この標高の高い地域では、収穫は雨季明けのあとになるので、トウガラシを充分乾燥させて、標高の低いところの村へと持っていく。トウガラシが栽培できる地域でも、自分たちの収穫時期以外のときに、トウガラシがほしいし、保存用の乾燥トウガラシができなければ、どこかから入手しなければならない。このトウガラシへの飽くなき欲求。

さらに、この時間差の交換には、もう一つの要素がある。それは、種《たね》。標高の低いところの人は、トウガラシを乾燥させることができないので、成熟した種を取ることができない。したがって、乾燥トウガラシをもらうことは、保存用の食用トウガラシとともに、来年の種をもらうという意味もある。

トウガラシの苗も、交換の対象となる。標高の高い地域の人は、標高の低い地域で早くに育てられた苗を入手して、自分の畑に植える。農業省の試験場の人の話では、トウガラシの苗は、他の植物に比べて、土から長い時間出しておいても、それほど悪くはならないそうだ。首都ティンプの野菜市場でも春先には、トウガラシの苗が売られているのをよく目にする。

物々交換の他には、労働でトウガラシを入手するという方法もある。トウガラシを栽培できる地域に農繁期に出向いて、働き、労賃をトウガラシでもらうというものである。

このように、トウガラシは、みんなが必要としているものなので、交換の際には、「泣く子もだまる」切り札となる。「こっちはトウガラシを持っているんだぁ。交換に応じない手はないだろう」と、結構、強気にもなれる。そんな強気な交換をしているのが、ブータン西部パロ県のダワカという地域の人びとである。この地域では、トウガラシを量産しており、首都ティンプの市場にも近いので、その多くがティンプで売られる。同時に、この地域では、最近、隣谷のロベサという地域の農家とコメとの物々交換を始めたという農家がいくつもある。ダワカは畑作地域で、ブータン人の主食であるコメが取れない。一方、ロベサは、標高が低く、トウガラシの収穫期が雨季に当たるので、乾燥トウガラシができないが、良質のコメを生産している。そこで、ダワカのトウガラシとロベサのコメの交換である。ダワカの人びとによると、トウガラシとコメの市場での価格と比べると、物々交換のほうがお得なのだそうだ。一方、ロベサの人にとっては、良質の乾燥トウガラシと種を入手する絶好の機会である。トウガラシは、強い。

＊――入手したトウガラシは…

ブータン人の食事には、ほとんどありとあらゆるものにトウガラシが用いられる。たとえば、ブータンの国民食ともいえるエマ・ダツィはトウガラシをチーズとバター（あるいはサラダ油）とともに煮たもので、味付けはシンプルに塩だけである（カラー口絵）。このエマ・ダツィは、さまざまな野菜を加えてバリエーションができる。たとえば、キノコ（ブータンの国語であるゾンカでシャモ）を加えるとシャモ・ダツィ、ジャガイモ（ゾンカでケワ）を加えるとケワ・ダツィである（ちなみに、エマ・ダツィのエマは、トウガラシを指す）。これらに、小さく切った肉を加えることもある。トウガラシは、生のものを入れることが多いが、粉末や乾燥のものを用いることもある。つくり手と食する人の好み、チーズの発酵具合などによって、いくとおりにも料理される。

チーズを入れず、大きめの肉をトウガラシで煮込んだものは、一般に「パー」と呼ばれ、これには乾燥したトウガラシを丸のまま入れるのがふつうであり、さらに粉のトウガラシも加えられることが多い。ダイコンやタカナといった野菜もいっしょに煮込まれるが、この場合でも、あくまでも主役は肉である。

おかずも、上記のような煮込みの他に、ブータン人がトウガラシを野菜として認識していることを示す、（そして、美味しい）お手軽な調理法もある。大きめの生のトウガラシにナイフで小さく切り込みを入れ、そこから塩少々とバターを入れる。直火でよくあぶって、できあがり。何かもう一品欲しいときに便利だし、本当にご飯のすすむ美味しさである。

これらの料理とともに、食卓に供されるのがエゼである。これは、トウガラシのディップ、あるいは、「ご飯の友」とでも呼んだらいいだろうか。何もおかずがないときや、朝ご飯のようにシンプルに食べたいときには、ご飯とエゼとスージャと呼ばれるバター茶で済ませることもある。エゼには、そのときによって、料理や食べる人の好みによって、多くの種類がある。いちばんシンプルなのは、モモと呼ばれる蒸し餃子に添えられるもの。たいていは、トウガラシの粉に、山椒の粉、塩、水、サラダ油、好みによって、タマネギやニンニクを混ぜ合わせたものである。この他に、生のトウガラシを刻んで、チーズ、山椒の粉、コリアンダーの葉、トマト、塩、ネギなどと合わせるタイプもある。また、乾燥の丸のままのトウガラシを直火であぶったのち、手で適当な大きさにちぎって、上記の材料と混ぜてつくることもある。このあたりになってくると、どの野菜やスパイスと組み合わせるかは、そのときに台所にある材料と、添える料理、朝ご飯か夕ご飯かというタイミング、つくり手の好み、食べる人の好みによって、そのバリエーションは無限である。最近は、コリアンダーの葉に代わって、ミントの葉が用いられたり、粉ミルクが加えられたり、また、タイから輸入されるナンプラーも使われるなど、新種のエゼも増えてきている。

＊――辛いのはお好き？

トウガラシがなくては、ブータン人はご飯が食べられないと書いてきて、「今さら」ではあるが、ブータン人のなかには「辛ければ辛いほどいい」と思っている激辛好みの人がいる一方で、「辛すぎるのはあんまりね…」

上段：食堂のランチ。中央下の大きいボールはエゼ。（みんなで取り分けるので、大きなボールに入っている）。その左上は赤米。右はスペアリブのパー（ダイコン、乾燥トウガラシ、粉末トウガラシと煮込んである）。そのさらに右は、シャモ・ダツィ。左側のコップのなかはバター茶。

中段：トウガラシを運ぶ。

下段：道端でもトウガラシを売っている。

と思っている人もいる。後者の人びとも、それは激辛の国ブータンのスタンダードでの話なので、標準的な日本人の感覚からいうと、充分に辛いもの好きではあるのだが。この「適度な辛さ」好きの人にもう少し聞いてみると、「トウガラシはたくさん食べたいのに、辛すぎるとあまり食べられない。入手したトウガラシが辛すぎるときには、調理のときに工夫をして辛味を抜く」と教えてくれる。ここでまず驚くのは、「トウガラシってたくさん食べるものなの？」ということである。やはり、トウガラシは野菜なのだ。

そして、その辛味の抜き方は、じつにさまざまである。いわく、生のトウガラシを切って、水に晒《さら》し、その水を何回か変える。あるいは、トウガラシの辛味は真ん中の白い部分と種《たね》にあるので、その部分を取る。また、調理の仕方によっても、辛味に差が出るらしい。バターを入れると辛味が和らぐが、サラダ油を使うと辛味が強調される。とか、水からトウガラシを入れて火にかけると、煮立った湯にトウガラシを入れて調理するよりも、辛味が和らぐ、などなど。なるほどと思うものから、本当に？と思うものまで、それぞれの工夫が感じられる。

辛味を抜こうとすることの理由の一つが、胃腸への影響だろう。「トウガラシを食べすぎると、あとで胃が痛くなったり、お腹を壊したりするから、注意しなきゃ」と、ブータン人はよく言っている。だが、辛さの程度に直接かかわっているというカプサイシンの量や、口のなかで辛さを感じるメカニズムとして、今日、科学的にわかっていることと、ここで紹介したようなブータン人による辛味を抜く工夫がどれほど一致するのかについては、私にとっても、まだ、なぞの多いところである。

しかし、そもそもトウガラシを入手するときに、自分の好みの辛さのものを選ぶことができれば、それに越したことはない。トウガラシには目の肥えたブータン人のこと、選び方にも、また、極意がある。新鮮なトウガラシを選ぶことは、まず基本中の基本。そのうえで、辛さの程度を読む。いわく、皮の柔らかいものは、まだ若いので辛さもそれほど強くはない。皮に、黒い部分があるものも、まだ若いのでそれほど辛くないはずである。別の人に聞くと、「トウガラシのお尻を見て、そこが、とがっているものは辛味が強く、ピーマンのように割れて丸くなっているものは、辛味もマイルドよ」と教えてくれる。そのすべてが、いつも当たっているわけではないけれども、それぞれのブータン人が、辛さの見分け方や、辛さの抜き方に各々の「セオリー」を持っていることに、私は感心してしまうのである。

最近生産されるようになった巨大トウガラシ

*——よいトウガラシとは?

さて、激辛好み、ほどほど好みによって、よいトウガラシの基準も少しずつちがうのであるが、それでも、一般的に「よいトウガラシ」といわれるタイプがある。その一、トウガラシはブータン産をもって最良とする。インド産のトウガラシも出回ってはいるが、多くのブータン人にとって、それはブータンのトウガラシのシーズンが終わった後、補完的に(あるいは仕方なく)使用するものである。その二、トウガラシは大きいほうがいい。ブータン産のトウガラシは、日本のスーパーなどで見かける「万願寺とうがらし」ぐらいの大きさがあり、かなり大きめである。最近は、品種の交配によって、超巨大トウガラシも生産され始めている。その三、皮がデコボコしているもののほうが、つるっとした表面のものよりも好まれる。これは、チーズなどと煮たときに、チーズソースがよく絡みつくからという理由である。

これとは反対に、品質が悪いと判断されるのは、生のトウガラシを煮込んだときに、「表面の薄皮がはがれてくる」ものである。また、表面の緑の部分が硬いものは、美味しくないと思う人が多いようである。これ以上になってくると、個人の好みや判断基準があって、なかなか一般化できない。ある人は、細めで長いものがいいといい、別の人は、太めのトウガラシのほうが美味しいという具合である。いずれにしても、週末の野菜市場で、人びとがトウガラシを選ぶ目は、真剣そのものである（カラー口絵）。

＊――トウガラシ狂想曲

ブータン中、どこでも食べられているトウガラシ。初物のトウガラシはとくに珍重され、首都ティンプの野菜市場でも最盛期に一キロ三〇円ぐらいのものが、初物は五〇〇円に届く勢いの値をつける（注2）。また、初物のトウガラシは、お寺へのお供えや、親戚、知人への贈り物にもする。もちろん、海外旅行にも必携のアイテムである。生のトウガラシを持って飛行機に乗り込み、それに塩をつけてかじりながら機内食を食べる。

冒頭に、ブータンでは、トウガラシはスパイスとして「加える」ものでなく、それ自体を「食べる」ものだと書いた。ブータン人も、外国人とブータン人の食における一番の差はトウガラシを「食べる」か「食べないか」であるということを認識しているようだ。援助機関などに勤務して、ブータンに滞在している外国人がトウガラシを「食べる」かどうかは、その人がブータンになじんでいるかどうかの一つのバロメーターのようにさえなっている。

最近、ブータンでトウガラシの流通について調査をしていたときのことである。調査旅行中に出会ったトウガラシは、その身元を尋ね、さらに、滞在先のキッチンで料理してもらって、試食していた。調査旅行三日目ぐらいのこと。それまで、いっしょに試食をしていたドライバーさんのお腹の調子が悪くなり、「トウガラシを控えます」ということになった。ブータン人でも、トウガラシの食べすぎはお腹にこたえるらしい。激辛派のブータン人の友人は、「辛いと食が進むし、激辛のトウガラシはやめられないんだよね」といいつつ、「でも、あとでトイレのときがちょっとつらい」と告白してくれた。それでもやめられないトウガラシ。その魅力と魔力は、想像を超える。

注1　クンザン・チョデンによる。(Choden, 2008: p. 116)
注2　現地通貨ヌルタムと日本円との為替レートを一ヌルタム=約二円として換算(二〇一〇年三月現在)。ヌルタムはインド・ルピーと等価で連動している

【参考文献】
Choden, Kunzang *Chilli and Cheese: Food and Society in Bhutan* Bangkok: White Lotus, 2008

〈コラム〉トウガラシとインド人

＊——若い女性のような青トウガラシ？

小磯千尋

インド料理というと、「カレー」とひとまとめに思われがちだが、油とハーブ、スパイスで炒め煮（または蒸し煮）した惣菜といったほうが正確だろう。もちろん例外はあるが、基本は単品の素材で一つの惣菜をつくる。味の決め手は、油とハーブ、スパイスである。とくに素材を入れる前の、香り油（西インドではフォールニー、英語ではテンパリング）が料理の香りと味を左右する。この香り油は、惣菜を炒める他、豆のスープや、サラダにもジュワッと加えられる。これはインド独特の調理法といってもいいだろう。香り油のつくり方は、油に青トウガラシ数本を手で折ったものに、カリーリーフ（ナンヨウサンショウ）の生の葉を一つまみ入れ、そこにクミンシードやマスタードシードなどのスパイス、料理によってはアサフェティダを少量加えればよい。ただ油の温度、スパイスを投入するタイミングなどが微妙で、料理人の腕の見せどころとなる。ハーブとして使われる青トウガラシは種類が豊富で、形状、辛さの異なるものが多い。独特の青臭い風味と辛味が命といえよう。ふつう調理に使われるのは熟す前の薄緑色で細長いタイプである。惣菜の風味付けとして使われる他、チャトゥニー（チャツネ）などにも利用される。味に変化をつけ、食欲を増進させる効果がある。

インド料理にトウガラシが加味されたのは、大航海時代以降、つまり十六世紀である。それまでのインド料理の辛味成分は胡椒やショウガなどで、味のバリエーションも限られ、あまり魅力的なものではなかったと推察される。

ヒンディー語では青トウガラシは「ハリー（青）・ミルチ」、赤トウガラシは「ラール（赤）・ミルチ」という。ちなみに黒胡椒は「カーリー（黒）・ミルチ」、白胡椒は「サフェード（白）・ミルチ」と呼ばれれ、ピーマンはどういうわけか「シムラー（北部の地名）・ミルチ」と呼ばれる。胡椒はインド亜大陸に古くからあり、トウガラシは大航海時代以降にもたらされたものなので、どこかで混乱して、このような名称がついてしまったのであろう。青トウガラシはハーブとして風味を担い、赤トウガラシ粉は香辛料つまり、マサーラーとして辛さを調整するために使われる。

頻繁に使われる慣用句に、「ミルチ　マサーラー　ラガーナー（ミルチと香辛料をつける）」がある。「大袈裟にいう」または「潤色する」などの意味で使われる。「ミルチェー　ラグナー（ミルチがつく）」と自動詞になると「不快な言葉にカッとなる」である。これらはトウガラシの辛さという性質上から派生した言い回しといえよう。「辛いものばかり食べる人はすぐ怒る」ともよく耳にする。辛いものは古来から、エネルギーと力を表すとされてきた。

マハーラーシュトラで、「ラヴァンギー・ミルチーコルハープルチー（深緑色の辛いトウガラシはコルハープル産）」というと、生きのいい若い女性を形容する言い回しとして知られている。コルハープルは深緑色のラヴァンギー・ミルチの産地で、料理名に「コルハープル」がついていたらその料理は青トウガラシがたっぷり使われており、まちがいなく辛い。

*——トウガラシの入らない料理なんて!

辛い味に慣れたインドの人たちが日本滞在でいちばん困るのは、やはり食事である。香辛料に侵食された人たちの舌には、日本の料理の繊細な味わいは、「フィーカー(大味な、旨味に欠ける)」でしかないようだ。ラージャスターン出身の芸人さんたちと一カ月ほど、日本各地を公演して回ったことがある。最初はインド料理店などに出向いたが、味はともかく、その値段の高さに腰を抜かさんばかりとなり、ホテル暮らしながら、ひたすらコンビニやデパ地下惣菜、ほか弁のご飯を調達して乗り切った。食のタブーが少ない人たちゆえに可能だったといえるが、ホテルの湯沸し用の電熱器でオムレツを焼いたり、生野菜を切ってサラダにしたり、毎食変化に富んだ美味しそうな食事で、私も何度かお相伴に与った。それにつけても、びっくりしたのは何にでも赤トウガラシ粉が入れられていたことだ。ヨーグルトにタマネギ、キュウリ、トマトを細かく切って混ぜ、そこにトウガラシ粉に塩を混ぜて美味しいライターに仕上げたり、レモンとトウガラシ粉と塩でチャトゥニーをつくり、買ってきた天ぷらはトウガラシ粉と塩で食べたりと彼らの工夫に脱帽した。四キロ持参したというトウガラシ粉は一〇人で一カ月のあいだにほぼ使いきってしまった。

トウガラシは副菜の味付けに欠かせない他、ピクルスやチャトゥニーに大活躍する。インドのピクルスは総じて、油と香辛料、塩で漬け込まれる。代表格は青マンゴーとトウガラシだ。地方によって使う油は異なるが、ベンガル地方の芥子油は独特の辛味臭があり、慣れると病みつきになる。青トウガラシは、一〜二センチに切って漬けるので、ピクルスの汁だけでもかなりの辛さである。それを食事の合間合間に指につけて少しずつ口に運び、口のなかの料理の味を自分好みに微調整する。

アマール・ナージが『トウガラシの文化誌』でいみじくも述べているが、「インド料理の料理人はトウガラシの錬金術師だ」（同書二三ページ）「主菜でも副菜でもないトウガラシが、食事には欠かせなくなったのは、口に入れた食べ物に味覚の枠組みを与え、まとまりあるものに組み立てる働きをもっているからだ。その結果、口のなかの料理はむらがなくなり、よりおいしく感じられるのだ。」（同書一二ページ）これは私も実体験を通して納得させられた。塩味と辛味のバランスがインドの惣菜にとっては非常に重要で、どんなに風味豊かで美味しい料理でもトウガラシの辛味が足りないと味気ないものになってしまう。私の場合はどちらかというと単調な食生活に変化をつけるために、青トウガラシを食事の合間合間に丸かじりしていたのだが。

トウガラシのピクルスは他にもいろいろあるが、赤い大振りの乾燥したトウガラシのなかに香辛料を詰めたものはラージャスターンの名産で、キチュリーと呼ばれるインドの豆入りお粥にこのピクルスとパパドという薄い煎餅は欠かせない。南インドでは、小ぶりの青トウガラシをヨーグルトにつけて天日干しにしたものを、カリっと揚げたものなど、加工にも工夫が凝らされている。

＊──味に変化をつけ、もっと食べやすく

南インドの人は北インドの人よりも辛い食事を好む。とくにアーンドラプラデーシュの料理は赤トウガラシ

がたっぷり入るため真っ赤で、非常に辛い。また、総じて豊かな人よりも貧しい人のほうが辛いものをよく食べる。辛いトウガラシは肉体を酷使する労働者たちの味方である。つまり、でんぷん質の米や麦などの主食は味が薄いため、味に変化をつけ、少量のおかずでエネルギー源である穀物をたくさん食べることができるからだ。マハーラーシュトラは北と南の折衷的な文化圏であり、主食もムギとコメが六対四くらいの割合で食べられている。コメだけでは腹持ちが悪いと誰もが口にする。農民は雑穀のモロコシのパンに、炒ったピーナツを挽いたものにニンニクとトウガラシ粉を混ぜたチャトゥニーを持って畑仕事に出かける。これにヨーグルトなどがあれば、栄養学的にも立派なランチとなる。焼きたては美味しい雑穀パンも、冷めるとボソボソになり、なかなか喉を通らないが、働く人びとはよく咀嚼《そしゃく》して飲み込んでいる。

インドの主婦の料理の腕は、チャトゥニーを何種類つくれるかで決まるという。菜食中心の日々のシンプルな食事も、チャトゥニーなどの箸休めや、サラダなどで変化をつける。代表的なチャトゥニーといえば、南インドのスナックの付け合せとしてインド中に広まった、生のコリアンダー、青トウガラシ、生のココナツの果肉をすり潰したもので、一見したところ緑のソースだ。微妙な甘さと辛味、青臭い新鮮な風味とビタミンの豊富さからも、チャトゥニーの王者といえよう。これは蒸しパン、揚げたスナック類など何にでも合う。北インドではココナツの代わりにプディナというミントとタマネギを混ぜてすり潰す。その他、豆やゴマ、ときには野菜の皮をよく炒ってすり潰した乾燥チャトゥニーもつくられる。ふりかけのようにご飯にかけたり、食事の合間に口に入れて味に変化をつける。いずれにも赤トウガラシの粉は不可欠である。ココナツを削ったものに炒った魚のパウダーとトウガラシ粉を混ぜた南インドのふりかけも忘れられない味だ。

上段左：辛味のきつい
ラヴァンギー青トウガラシ

上段右：粉にする前の
赤トウガラシの山

下段：ラージャスターンの
種類豊富なピクルス

サモーサーなどのスナックの付け合せとして欠かせないのが、青トウガラシのフライである。ヘタっとするまで揚げられたトウガラシをつまみながらスナックを食べ、ちょっとひりひりする口のなかを甘いチャーエ（ミルクティー）で癒すひとときは至福の時だ。

*——微妙な辛さ、さわやかさも演出

その他、トウガラシを使った特徴的な味のいくつかを紹介したい。青トウガラシのペーストをタマリンドと粗糖のベースのソースに混ぜてつくったたれは、微妙な甘辛さ、酸っぱさがたまらない。これにコメをパフしたチュルムラや炒り豆、ベビーラーメンのようなスナックなどとともにこのソースで混ぜて、みじん切りにした生タマネギ、トマト、コリアンダーの生葉などで飾ったミサルという軽食は、行楽地に欠かせないアイテムだ。名物屋台になると、行楽のついでではなく、スナック目当てに訪れる客も多い。確かに、微妙な味は妙にクセになる味で、私もときどき無性に食べたくなる。

インドの西海岸に位置するゴア、マールワニー地方の料理がいま注目を集めている。海産物と削った生のココナツをふんだんに使ったマナガツオのカレーは、その味のさっぱりした品のよさと、サラサラの手触りが忘れられない逸品である。青トウガラシと生のコリアンダーの葉をペーストしたチャトゥニーを魚に詰めて、削った生ココナツをふんだんに混ぜてサラッとしたカレーに仕上げる。この料理は青トウガラシの風味と辛味を最大限に生かした料理の一つといえよう。同じマールワニー料理に、ソールカリーという冷たいスープ状の飲み物がある。ココナツミルクに赤紫のコカム（プラムの一種）の汁を混ぜ、香り油を加えたものである。これも

辛味の調整と風味は青トウガラシの量で決まる。

インドで初めて「オムレツ」を頼んだら、普通の卵焼きが出て来てがっかりさせられたが、青トウガラシが無造作に入ったインド式オムレツは独特の風味があって、すっかりお気に入りの一品となってしまった。トーストとチャーエとの相性は抜群だ。

その他、インドの中華料理店に行くと、必ず、酢に刻み青トウガラシを入れた薬味のようなものがある。酢だけを料理にかけるもよし、酢漬けになったトウガラシをかじってもなかなかいける。インド駐在経験者が妙に恋しくなる味だと聞いた。

土曜日に替えの邪視除け護符を売りに行く男性

＊——酸っぱい、辛い、渋いで邪視を除ける

トウガラシは食べる以外にも、インドの人びとの生活に密着した使われかたがある。その一例として、インドには「邪視」という概念があり、本人にその気がなくても、じっと見つめたその視線に魔力があり、ものを破壊し、見つめられた人の健康を損ねたり害を与えることがあると信じられている。それゆえに、邪視を除けるためのさまざまなグッズが考案されている。インド全土に共通するのは、視線をはねつける鏡や、

臭いのきつい履きふるしたサンダル、冬瓜などをくりぬいてつくったお化けの顔、黒い人形などである。

西インドのマハーラーシュトラ地方では、ライムと数本の青トウガラシ、ビンバと呼ばれる渋い木の実をくくった邪視除けのお守り（護符）がいちばん一般的な邪視除けの護符として知られており、いたるところで見かけられる。商店の軒先（カラー口絵）、タクシーやトラックなどのフロントガラスやナンバープレートなどなど。これは一週間に一度、土曜日に付け替える習慣があり、使用済みのものは路上に無造作に捨てられ、通行人や車に踏み潰される。定期的に替えられる護符は特別に威力があると信じられている。青トウガラシがしなびて、赤く色が変わったものが路上に落ちていると、何となく避けて通ってしまう。なぜにこの三つの組み合わせかというと、それぞれ「酸っぱい」、「辛い」、「渋い」ものなので、悪いものを寄せ付けないのだという。

第5部

伝統料理との幸福な融合

――東アジア

中国料理とトウガラシ

周　達生

＊——水煮の笑い話

中国では、鶏卵を「鶏卵」とはいわない。「鶏蛋」というのである。「鶏卵」と言えば、それはニワトリの睾《こう》丸《がん》、タマのことになるからだ。だが、卵《たまご》の呼称は地方によっていろいろある。

わが神戸一中の先輩だった篠田統《おさむ》さんの名著『中国食物史』には、『笑々録』を引用した笑い話があった。それは、——鶏卵嫌いの南京人が北京への道中、立ち寄った飯屋で、「何ができるか」「ハイ、木樨肉では?」「好かろう」と出てきたのが、玉子と豚肉料理だ。止むを得ず「攤黄菜」というのを注文したら、菜っ葉の玉子とじ。仕方がないので、せめてお菓子でもと窩菓子（玉子菓子）を注文して、又々がっかりしたという話。

この名訳のタネ本のほうでは、「南京人」は単に「南客」で、「北京」は「北地」などになっている。だから、より忠実に訳するとすれば、「北方人」が「南方」にやってきた……となるだろう。

それはともかく、似たような笑い話をもう一つ紹介するとしよう。——北方のトウガラシ嫌いの人たちが、四川にやってきたときの話。簡略化すると、こうなる。

――汽車から降りると、腹を満たそうと料理屋に飛びこんだ、メニューは「麻辣」味のものばかり。苦手、苦手。やっと「水煮」の牛肉らしきものを発見。だが、それを食べると、涙が流れ、汗をかき、だまされたと喚くことになった、という。

実は、「水煮牛肉」なるもの、単なる水煮の牛肉なのではない。もともとは、四川省自貢に始まる。井塩の大産地。塩井にロクロをつけ、牛を動力にして水を汲みあげた。酷使した牛。必然的に短命になる。解体され、塩業労働者に食べさせた。水で煮るだけの塩味で始まっても、徐々にサンショウやトウガラシも加えられ、今日では自貢だけのものでなくなり、四川料理店の有名料理の一つになったのだ。

味は変化していても、名称は「水煮牛肉」のまま。かくして北方人は、喚くことになったわけである。

ちなみに、「麻辣」の「麻」は「麻婆豆腐」で有名な〝アバタの陳オバサン〟の、アバタを意味する「麻」のほうでなく、麻痺の「麻」に通じる。しびれるほどのサンショウ味で、「辣」は説明不要のトウガラシ味のことだった。

ところで、四川料理すなわち「川菜」といえば、多くのものはトウガラシ味、あるいはもともとあったサンショウの「花椒」を連想するようだが、必ずしも「麻辣」味のものばかりにはならない。しかし、一方では、辛いものは辛く。トウガラシはもちろん、ソラマメとトウガラシの、あの日本でいう〝トウバンジャン〟(豆瓣)。四川省郫県産のが最もよいとされている)の利用もあるのだ。

辛くはないほうの料理のさまざまな味についての詳しいことは、紙幅の関係で一切省略せざるを得ない。関心のある方は、拙著の『中国の食文化』(創元社一九八九)をご覧いただきたい。

さて、四川省料理の「川菜」は、どんな料理もサンショウとかトウガラシが用いられているとは限らない。にもかかわらず、四川省といえば、そこは「麻辣」好みの人びとばかりの住むところだと思われてきたようだ。

そのトウガラシは、漬物にそのまま使うのか、乾燥させて粉末を用いるのか、品種はどんなもので、それも単一の品種だけにするのか、数品種の組み合わせにするのかによって、トウガラシといえども、いろいろ微妙な辛さの違いをもたらす。

＊——トウガラシ好みの人びとの居場所

トラックに満載のトウガラシ（雲南省昆明市・昆明城区の野菜卸売市場）（提供：小林尚礼）

四川以外では、貴州料理の「黔菜」や、これも詳述の余裕がなくて残念だが、毛沢東の出身地の湖南の「湘菜」も辛い。他省の人びとに、湖南人は「湖南辣子」と呼ばれてもいるぐらいのトウガラシ愛好の地域である。「辣子」はトウガラシの「辣椒」の別称。〝トウガラシ野郎〟と呼ぶのがふさわしいかもしれない。

陝西省の「秦菜」も辛い。しかも、「秦菜」は、「関中菜」「陝北菜」「漢中菜」の区別をするほどの地域差もあるぐらい。

雲南省の「滇菜」、湖南と隣接の江西省、陝西に接する甘粛省も「辣椒」多用の料理。けれども、これらトウガラシを好む人びとには、それぞれのアイデンティティの主張があって、しばしば「川菜」との相違が強調されたりする。

だが、一般的には、中国西南地方から南方の高温になる地方ではかなり辛くなる品種群が愛用され、北方では、さほど辛くないものか、甘さをともなうものが多い傾向があるようだ。

いずれにしろ、中国の「辣椒」は、アマゾニア地方原産の「シネンセ・アヒ（チャイネンセ種のトウガラシ）」によるものであったが、伝来後の中国で生じた多数の品種もあったといえる。各地の農家の人びとは、わずかの形態的特徴などでもって、いわゆる民俗的レベルの品種を創出させているのが面白い。

それはそうと、「海派川菜」についても触れておく。四川から長江をくだって上海にやってきた四川の料理人は、これを「下江川菜」と呼ぶこともあった。「海派」の「海」は上海の「海」で、「下江」は長江くだりのことなのだ。こんな修飾語のつく「川菜」があるということは、「花椒」や「辣椒」の味が上海においてはいささか変容を余儀なくされたからである。これに対し、上海においても本場の「川菜」を出す店は、「正宗川菜」の看板を用いる。これも面白い現象だといえるだろう。

以上は、トウガラシ好みの漢族のいる地域の話。それらの地域に住む少数民族の人びともトウガラシの品種創出とか、独自のトウガラシ料理に関与している。

ところで、そういうと、多くの人びとは、韓国の焼き肉で出てくるトウガラシを使ったキムチの連想などから、ああ、朝鮮族のことなのかと思われるかもしれない。しかし、中国東北地方（旧満州）の朝鮮族はトウガラシを非常に好むといっても、その人たちは、ほとんどが近代になってから、朝鮮半島の戦乱を避けて移住してきた人びとと、その子孫たちである。そのトウガラシ嗜好はすでに朝鮮半島で先に形成されていたといえるだろう。

ここでは、まず雲南省西双版納タイ族自治州景洪県の村での見聞例を紹介しよう。

高床式住居の広間の一角の床上にあるイロリのそばには、まだ器に入ったどろどろのコンニャクがあった。それと、それぞれ小さな器になるが、トウガラシの器、岩塩の器、刻みネギの器などが置かれている。石灰水も用意されている。イロリには、すでに湯がわいた鍋がある。どろどろのコンニャクの器に、トウガラシその他を入れ、手でかき混ぜる。石灰水を加えてさらにかき混ぜると、コンニャクは硬くなってくる。それを適当にとって丸めて、鍋の湯のなかに入れ、硬く凝固したものから取り出せば、黄色のトウガラシ入りのコンニャクができあがる。

糸コンニャクづくりの例もあるが、こっちは省こう。

今度は貴州省での例から。これは日本にもあるナレズシに関連するもの。ナレズシにたっぷりのトウガラシを入れていた。日本に現在もある魚類のそれだけではない。豚肉のナレズシもあり、どちらもトウガラシが多く使われていたのである。トン族だけでなく、ミャオ族にもそんなものがあった。

次は納豆の「豆豉」について。中国各地にある漢族のそれは、日本の大徳寺納豆のようなもの。糸を引かないし、つくり方は、西双版納のタイ族の人びとの場合は、漢族のものとまた異なる。西双版納に住む漢族の人たちは、適切な漢語もないのでそれを「豆豉」と称していた。

タイ族は大豆を甑《こしき》で蒸すか、鍋で煮る。陰干しにし、碗《わん》か、かごに入れておく。ショウガ、岩塩、トウガラシを入れ、杵と臼で搗《つ》く。すぐ食べてもよいが、数日間かごに入れておいたもののほうがうまいという。市場で売られているのは後者のほう。トウガラシの色が目立つ、四角に成形されたものだった。最近は、西双版納へは航空便もあり、便利になり、日本からも多くの人びとが訪れている。その人たちの紀行文をみると、「豆豉」に言及したものも出てきて、中国には糸引納豆はないと断定的に書かれていたりする。

でも、同じ雲南省であっても、徳宏タイ族チンポー族自治州の瑞麗県では、タイ族の市場へ行くと、いくらでも糸引納豆が売られていたのである。

確かに中国では糸引納豆はあまりない。しかし、少ないことと、ないということとは、同じにはならないのではなかろうか。とだけいっておいて、ここらで話題を転換するとしよう。

＊――福山はコックの里だった

日本では、〝北京料理〟ということばをよく聞くが、中国では、「北京菜」とは一般にはいわない。というのは、北京料理に相当するものは、山東省の料理が基盤になっているからで、山東の料理は「魯菜」というので、北京での〝北京料理〟も「魯菜」というのである。

北京で「魯菜」の名手だった人びとは、山東省の出身者がほとんどだった。それも、山東の福山出身の人たちの名声がもっとも高かった。日本の戦前から続く〝北京料理店〟の創始者たちも、その出身は、福山か、その近くの蓬莱であった。

けれども、近来の事情はどうなのかというと、詳述はできないが、広東料理をいう「粤菜」の全国制覇的流行があり、それに続く、広東省でも福建省と接する汕頭あたりの潮州料理である「潮菜」もかなり流行する奮闘ぶりが示された。さらには、フランスの「ヌーベル・キュイジーヌ」のようなものの広東版、「新派粤菜」まで出現した。

もともと北京には、解放後から四川飯店という有名四川料理店もあったのだが、「粤菜」とか「新派粤菜」の大流行に対して、いつの間にか小規模であっても、数沢山の四川料理店が北京のあちらこちらにわんさと現れた。何とか「豆花荘」というのがそれだ。

一般ににがりを入れない非常に柔らかい豆腐のことを「豆腐脳」というのだが、四川では、それを「豆花」と呼ぶのである。

そういう次第で、その後の「魯菜」は、当然のことながら、相対的にその地位を低下させ、斜陽化してしまった。これは、かつての名声の上にあぐらをかきすぎたから、足をすくわれたといえるだろう。すなわち、「粤菜」や「ヌーベル・広東・キュイジーヌ」、あるいは何とか「豆花荘」級の「川菜」に人気が移動したわけだ。

一例を挙げる。あの重症急性呼吸器症候群（俗称新型肺炎）のSARSが中国で流行する少し前のことだった。大雪で滑るので、タクシーでいく。運転手は、日壇公園の「日壇飯荘」を知らなかった。道々かれといろいろ話したが、かれは「粤菜」も「川菜」も口に合わない、やはり山東味の「魯菜」がもっともよいという。

そこの「水煮牛肉」は、メニューには「川府水煮牛肉」となっていた。高級感がするとでも考えたのであろう。それと「豆花牛柳」（牛のヒレ肉の「牛柳」が入った「豆花」）、「魚香肉糸」（「魚香味」の豚肉の糸切り）もうまかった。

「怪味」味のほうは、連れ合いとだけでは食べきれない。だから、前菜に揚げたピーナッツの「怪味」になった「怪味花生」を注文したが、これもうまいものだった。

「魚香」も「怪味」も前でことわったように、説明を略したが、どちらもトウガラシが関与してもいるけれども、複合的な味になったもの。単純な辛味のするものではないのだ。

いずれにしても、運転手のような「魯菜」ファンはまだまだいても、多くの北京っ子には「豆花荘」に人気が移行したようだ。

「粤菜」とりわけ「新派」の場合には高級魚のハタ類を遠方から運んできたりするので、食材が高価になる。そのため、大衆的人気が下降する。一方、高級高価のものがまったくないわけではないが、大衆的な安くてうまいものがいろいろある「豆花荘」の人気が急上昇していった。〝近来〟といったのは、この二十数年ほどの間のことなのだ。

＊――豆汁と豆漿、火鍋と毛肚火鍋

竹内実さんは、昔の北京の物売りについて多々触れたものを、『世界都市の物語　9　北京』（文藝春秋、一九九二）に書かれていた。その名文をごっそり引用できないのは、至極残念だ。ここでは、そこにあった「豆汁」と「豆漿」についてだけ、それもほんのわずかだけを引くのは、あまり意味がないけれども、ちょっとだけのタッチをさせていただこう。

それによれば、朝は、少しお腹に入れるだけの食べ物の「早点」では、まず「豆汁」だといい、それを天びん棒で売りにくる様子の紹介をしている。

〈一方には大きな、やや平たい鉄鍋。下で、まっ赤に木炭が炎を上げている。鍋には豆汁。もう一方は、小さな、四角いテーブル。漬けもの、どんぶり、はし。……つけあわせの漬けものは蕪。みじんに刻んである。……味つけの赤とうがらしで、口の中がひりひりして、夏の暑さを忘れる〉という。

そして、当時の有名屋台店の二つ、「豆汁徐」と「豆汁何」がいつも満員だったのを紹介していた。徐さんと何さんの屋台ということである。〝すっぱい〟のが売りものだというのは、発酵させた味のこと。西安にもあったが、竹内さんは〈北京以外には、ない味〉とされていた。

しかるに、これも北京の人びとの朝食に欠かせない豆乳つまり「豆漿」を、最近では「豆汁」といえばこの「豆漿」を指すように変化しているとも書かれていた。

竹内さんとはここまでにして、最後は「火鍋」を話題にする。

昔からあった「火鍋」は、寄せ鍋のことだった。何が用いられていたかは、千差万別。しかるに、最近の「火鍋」で流行しているのは、辛い辛いもの。いわゆる〝激辛〟の「火鍋」。全国的に広がった。

日本でもかつてはトウガラシといっても、そのまま使うのには拒否反応を示し、せいぜい七味唐辛子ぐらいだけの使用に始まった。同様に中国でも、どこでも「辣椒」を愛用していたわけではない。既述の愛好地域だけは、例外的であった。

ところで、もともとは、辛いのも、それも飛び切りの辛さを求めてきたのは、四川の重慶一帯。「毛肚火鍋」

中国、雲南省昆明市のレストランで出てきた鴛鴦火鍋（提供：小林尚礼）

がそれなのだ。食べると、「冬天一身汗、夏天一身水」つまり夏も冬も汗まみれになるほど、トウガラシ味の濃厚なもの。「以熱攻熱」つまり熱でもって熱（暑さ）を攻めるものである。

「毛肚」は一般にいう「千葉肚」。牛の第三胃であるが、肝臓とか脳なども使い野菜もいろいろ入れられる。「豆瓣醤《（トウバンジャン）》」いや「豆瓣醤《トウパンチャン》」もたっぷり使うのだ。

「花椒」は四川の茂汶のがよいとか、いや清渓のがもっとよいとかいろいろいうが、いずれも四川産のものを最高としている。

四川は、古代の「巴蜀」の国であった頃から「花椒」が使われた歴史があるという。コショウの「胡椒」は、もっとあとの宋代から始まったが、「巴」は春秋時代の四川東部にあった国。いまの重慶あたりにあったのだ。一方「蜀」は、今日では四川省全体の略称になってはいるが、古代の「蜀」は、成都のあたりにあった。どちらも古代の少数民族の住むところであったのだ。

一般の人びとは、その鍋のスープを飲むことはできない。しかし、香港あたりで考案された仕切のある鍋は、一方は辛くてまっ赤なスープ、もう一方は種々の海鮮やら鶏肉などからダシを取った、一般の人たちも飲めるスープが入る。オシドリの鍋、「鴛鴦火鍋」と呼ばれるのがその鍋の名称だった。

トウガラシ好きのチベット人──中国雲南省

小林尚礼

＊──多彩なる雲南

中国南西部に位置する雲南省は、人も自然も多様である。日本とほぼ同じ面積に四四八三万人（二〇〇六年）が住むこの省は、一つの国にも匹敵する規模をもつ。その自然は、東南アジアに接する南部の熱帯雨林から、チベット自治区に接する北部の雪山まで変化に富んで、そこに二五の少数民族が住みわけている。そのすべてを見ることは容易ではないが、雲南を南から北へ縦断する「茶馬古道《ちゃまこどう》」を歩けば、その多彩な世界の一端に触れることができるだろう。

茶馬古道とは、茶の産地である雲南南部のシプソンパンナ（西双 版納《シーシュアンバンナ》）やプーアル（普洱）からチベットへ、茶を馬で運んだ道である。その雲南省内を、一カ月かけてたどったことがある。その旅で言葉も衣・食・住も異なる多くの少数民族と出会った。お茶の飲み方もさまざまだった。シプソンパンナの山岳地帯に暮らすジノー人は、お茶にトウガラシを入れる。ルォケ（涼拌《リャンバン》茶）と呼ばれるそれは、茶葉を使うがお茶というよりスープに近い。竹の器に入れた茶葉に、赤トウガラシ、ニンニク、ハッカクなどの香辛料を加えて、塩をまぶす。そこに水かお湯を加えてでき上がり。竹の匙《さじ》を使ってスープのように汁と具を口に入れると、香辛料の辛さをま

トウガラシ入りのお茶ルォケ（西双版納、ジノー人の村）

ず感じるが、やがて茶葉の新鮮な香りが口いっぱいに広がる。火を使わないので、茶摘みの合間にすぐ食べられる優れた料理だ。

茶馬古道を移動するあいだ、毎日それぞれの土地の食堂に入ったが、トウガラシを見ない食事はほとんどなかった。食材は土地によってさまざまだが、炒め物にトウガラシが入っていないことは珍しい。料理に使われていなくても、粉末のトウガラシやラー油がどこかに置いてある。「花椒《ファジャオ》」と呼ばれる中国特有の痺《しび》れるような味わいのサンショウ（花サンショウ、または華北ザンショウ）も多用される。辛く（辣《ラー》）痺れる（麻《マー》）味は、隣の四川省ほどきつくないが、中国の東北地方から来る人びとにとっては辛いものらしい。どこの町の市場でも、多様な種類のトウガラシが売られている。雲南に住む多くの民族はトウガラシが好きだ。好きというより不可欠というほうが正しいだろう。

朝食には、「米線《ミーシエン》」と呼ばれるインディカ米でつくったうどんを食べることが多かった。のびにくく、つるりとした喉越しがあるうどんだ。本格的なものは「過橋米線《グオチャオミーシエン》」といわれ、熱いスープと麺、具が別々に出されて目の前で混ぜるが、気軽に食べる安いものは調理済みの煮込みうどんのようなものだ。具は挽き肉や湯葉、香菜がパラパラと入る程度で、スープはトウガラシやラー油で赤い色をしているが、鶏がらや豚骨を煮込んだそれは、残すのがもったいないほど味がいい。雲南を代表する料理の一つである（カラー口絵）。

旅の途中、炒め物に飽きると鍋料理屋に入った。火鍋である。赤トウガラシとともに、香味料、内臓、木の実など数々の食材を煮込んだ真っ赤なスープは、日本人には信じ難いほど辛いが、その奥に深い旨味が隠されている。客が多い店ほど辛く旨いようだ。火鍋屋はほとんどの町に見られるが、なかに入れる具は土地によってそれぞれである。湖のある大理《ダーリ》では、魚や海老などを入れることが多いし、北部の標高の高い地域では、高山に住む牛（ヤク）の肉を入れる。たいていの店には仕切りのある鍋があって、トウガラシ入りのスープとそうでないスープの両方を楽しめるが、トウガラシ入りのほうが断然味がいい。雲南の旅では、辛いものを食べられないと楽しみが半減するだろう。

＊――雲南のチベット人

雲南省の北部は、標高五〇〇〇メートル以上の峰々がつらなる山岳地帯だ。この迪慶蔵族《ディーチン》自治州と呼ばれる地域には、少数民族のチベット人が暮らしている。最近では香格里拉《シャングリラ》という町が誕生したり、「三江併流《サンジャンビンリウ》」という名の世界自然遺産に登録されたりして有名になった地域でもある。一方、チベットの中央部から見れば、ここは東の端のカム地方のさらに最南端で、標高が低く比較的暖かいことからツァワロン（暑い低地）と呼ばれてきた場所だ。

カムのチベット人はカムパと呼ばれるが、雲南北部のチベット人はニョンパと呼ばれることがあるという。ニョンとはナシ人のことで、このあたりが五〇〇年近く前から長いあいだナシ人の支配下にあったことによりつけられた呼称だろう。ナシ人とは、迪慶蔵族自治州の南に位置する麗江《リージャン》に住む少数民族である。ニョンパの名のとおり、雲南北部のチベット人は、ナシ人をはじめとする近隣の民族から種々の影響を受けている。チベット仏教を信仰してヤクを飼うというライフスタイルはチベット人だが、森で狩猟をするし、豚や鶏を飼い自分で屠《ほふ》って肉を食す。そしてトウガラシが好きである。トウガラシ料理も多い。チベット自治区で食べられている昔ながらのチベット料理には、トウガラシはほとんど使われない。重宝して薬に入れるぐらいである。ラサではトウガラシのことを「スピン」というが、雲南北部では「バグー」という。同じチベットでもそれほどちがうのだ。なお、本章でカタカナ表記されるチベット語の名称は、私が現地で聞き取ったチベット語の方言であり、便宜的なものであることをお断りしておく。

雲南省とチベット自治区の境に、「梅里雪山《メイリーシュエンシャン》」と呼ばれる雪の山群がそびえている。もっとも高い山は標高六七四〇メートルの「カワカブ」で、雲南省の最高峰でもある。カワカブとは白い雪を意味する。その麓にあるムロン（明永《ミンヨン》）村に、一九九九年から二〇〇一年にかけて延べ一年間滞在する機会があった。滞在の目的は二つあり、一つはカワカブの登山で遭難した友人たちを捜索するためであり、もう一つはカワカブとそこに暮らす人びとの撮影であった。

ムロン村は約三〇〇人のチベット人が暮らす、このあたりでは標準的な村だ。ヤ・チュ（メコン川上流の瀾滄江《ランツァンジャン》）の大峡谷の底にあり、わずかな平地を耕して、広大な山で放牧をしながら暮らしている。雪の多いカワカブのおかげで水は豊富にあり、標高が二三〇〇メートルと低いために夏は暖かく冬でもそれほど雪は降らない。人びとはチベット仏教を信仰するとともに、恵みの山カワカブを神として崇めている。

村での食事の基本は裸オオムギでつくったツァンパと、ヤクのバターを使うバター茶である。チベット中央部と同じだ。だが、温暖なこの土地ではそれ以外の食べ物も昔から多かったと、四八歳の村長はいう。「昔」とは、彼が長老から直接聞いた範囲の時代だろう。たとえば自家製のコムギやソバでナンのような平焼きパンをつくり、トウモロコシのツァンパを食べてきた。また、ジャガイモやカブ、雑穀もあったし、クルミや花サンショウを採ることも多かった。そしてトウガラシも昔からあった。

このあたりの村では、以前から各家でトウガラシを栽培していて、一軒で一年に一〇〇キロぐらい収穫したらしい。それだけあっても十分ではなく、大切な客が来ても少量しかあげられなかったという。いまでは町の市場で種々のトウガラシを買ってくるが、昔から栽培していた種は一つだけで、一〇センチくらいのずん胴型であり、生で食べても乾燥させてもおいしい。私が食べたものの多くもそれだろう。

夏から秋にかけて実ったトウガラシは、家の屋上で乾燥させる。秋が深まると畑のトウモロコシも刈り取って屋上に干す。その頃に山の上から村を見ると、黄色く染まった屋根にところどころ赤い塊が見えて、その鮮やかなコントラストが美しい。

村では村長の家に泊まらせてもらい、家族と同じ食事をすることを心がけた。一日一回はトウガラシの料理が出た。チベット人の村でどんなトウガラシ料理を食べたのか、これから見てゆこう。

*——チベット人のトウガラシ料理

○バセー

新鮮な青トウガラシを、そのまま食べるものだ。村に昔からある品種はそれほど辛くなく、生食に向いている。土地がやせていて寒暖の差が激しいこのあたりでは、ほかに生で食べる野菜がなかったので、このみずみずしい緑の味は貴重だった。

ムロン村では一日四回食事をする。昼食が二回ある感覚だ。半農半牧を営む彼らは農繁期には忙しく、そんなときの二回の昼食は簡単なものにせざるをえない。家族全員が忙しいときは、お婆さんが菜園からトウガラシを摘んできて、平焼きパンといっしょに食べた。無造作に皿へ置かれた青トウガラシに初めは戸惑ったが、村に長期滞在している体は新鮮な野菜を欲しているようで、いつしかおいしいと思うようになった。

青トウガラシには、好みで塩をつける。私が滞在した頃は、町で買った白い精製塩を使っていたが、かつてカワカブ周辺で食べていた塩は、赤紫色をしていた。ヤ・チュ（メコン川）の川岸にツァカロ（塩井《イエンジン》）と呼ばれる村があり、その地下に貯まっている塩水をくみ上げて天日で干して塩をつくる。川の水が赤紫色をしているので、塩にも同じ色がつくのだ。ミネラルが多く、しょっぱさのなかに旨味がある塩だ。だが砂利が含まれることが多く、最近は好まれなくなってしまった。私はいつもお土産にもらって帰る。

○バカン・ホン

乾燥した赤トウガラシを、多目の油で炒めたもの。塩をまぶして食べる。先のバセーとともに、トウガラシそのものを食べる貴重な野菜料理である。熱い油ですばやく炒めるのがコツで、時間をかけると焦げてしまう。カリッとした軽い歯ざわりがあって香ばしく、辛さとともに甘さが引きたつ調理法だ。

油にクルミ油を使うことも、風味が増す一因だろう。カワカブ周辺の村では、油を採るために一軒で何本も

上段左：家庭菜園で育つトウガラシ
（雲南省徳欽県、ムロン村）

上段右：新鮮な青トウガラシ、バセー
（雲南省徳欽県、ムロン村）

中段左：赤トウガラシの炒め物、バカン・ホン（雲南省徳欽県、ムロン村）

下段：トウガラシと花椒を使った辛いスープ（雲南省昆明市の食堂）

のクルミの大木を栽培している。チベットの寺にはバターでつくったろうそくが灯るが、このあたりではクルミ油のろうそくを使うことが多い。そこで採れた材料を使うことで、料理にその土地の味が出る。

バカン・ホンは油を使うため夕食につくることが多いが、どちらかといえば食材の少ないとき、または時間のないときに食べる一品だ。手軽にできるからだろう。その簡便さから、野外での調理にも適している。カワカブには山群を一周する巡礼の道があるが、一〇日以上かかるその道を歩くときには、乾燥トウガラシと油を持ってゆき、バカン・ホンを食べることが多い。この場合の油は、持ち運びやすい豚の脂身だ。また、チベット人の友人と山へ撮影行に出かけるときも、乾燥トウガラシを必ず持ってゆく。軽さと保存性のよさが、大きな利点だ。

町のレストランでは、乾燥トウガラシとともに、ゾム（ヤクと牛の交配種）の薄切り肉をカリッと揚げた料理を見かける。赤トウガラシのなかに肉が見え隠れしていて、その肉だけをひろって食べるのだが、トウガラシの香りと辛さが肉にしみこんでいてうまい。だが、皿を埋めつくすトウガラシはほとんど残される。このトウガラシはとても辛いのだ。野菜として食べるトウガラシと、風味付けのトウガラシはちがう。

○乳腐

乳腐《ルーフー》とは、麹で発酵させた豆腐である。沖縄料理の豆腐餻《よう》に近いもので、その原形ともいわれている。豆腐餻ほど酒の味が強くないので、食べやすく、ご飯のおかずになる。中国各地で食されるが、雲南や四川ではトウガラシを入れて塩気を多くしたものが好まれる。いわゆる発酵食品の味だが嫌な臭いはなく、強いていうならピリッと辛い味噌とチーズを合わせたような味である。乳腐は地元産の材料でつくるわけではないが、村の生活でよく食べたので紹介しておこう。

村長は、町の市場で量り売りの乳腐を買ってきて、ビンにつめていつも食卓に並べていた。当時六〇歳台前半の村長の父が、乳腐を好きだった。白いご飯によく合うし、平焼きパンにつけてもいい。山へ捜索活動に上がるときは、平焼きパン数枚と乳腐だけを持ってゆくこともあった。砂糖の採れないこの地域にジャムなどはないので、パンの味付けに重宝した。

○バチャ（ダカ・バチャ）

これは、トウガラシとともにさまざまな香味料が入ったスープのようなものだ。ジノー人のトウガラシ入りのお茶ルォケ（涼拌茶）に近い。材料は、乾燥トウガラシの他に、ニンニク、ネギ、花サンショウ、チュビと呼ばれる香草、乾燥キノコなど、そして塩。チュビとは、日当たりのいい乾燥した山の斜面に自生するハーブで、甘くいい香りがする。乾燥キノコは種類を選ばないが、ネントといわれる五センチぐらいの茶色いキノコが合うという。ニンニクやネギは買ってきたものを入れてもいいが、昔はギョウジャニンニクや自生するネギを使っていただろう。すべての材料は、この土地で採れるものなのだ。

材料を容器に入れてお湯を注げばでき上がり。汁を口に含むと、はじめ香草の甘い香りが漂って、あとに香味料が複雑に交じり合った味わいが口中に広がる。トウガラシは辛さよりも香りが引きたつ。地元産の香辛料・香味料が勢ぞろいしてハーモニーを奏でる大人の清涼飲料である。汁がなくなったらふたたびお湯を足せばよく、味がなくなるまで何度でも飲める。このバチャは、私が滞在した頃のムロン村ではあまり見られなくなっていたが、中年以上の人は昔食事中によく飲んでいたという。山へ放牧や狩猟にいくときも、持っていったそうだ。より奥地の村で尋ねると、二〇歳の女の子が飲んだことがあるといっていた。バチャを飲むと体が温かくなり、風邪にも効くようだ。

バチャにはもう一種類ある。お湯のかわりにダカと呼ばれる酸味のある飲料を加えると、さらにおいしいという。このバチャは、とくにダカ・バチャと呼ばれる（カラー口絵）。ダカとは、ジマ（雌ヤク）やゾムの牛乳からバターと脱脂チーズ（ダンブ）を分離して、最後に残る白い半透明の液体。ダカ・バチャを口に含むとダカの酸味が広がり、あとから花サンショウの香りとともにトウガラシの辛さがジワーッとしてくる。食が進む味である。とくにソバでつくったほのかに甘い平焼きパンがよく合うという。ダカ・バチャには、さらにダンブと呼ばれる脱脂チーズを加えてもよい。酸味がまろやかになり、チーズのコクが出るだろう。この土地ならではのトウガラシ料理である。

○バツィ

バツィは、香味料たっぷりの中華風ソースで、平焼きパンにつけて食べる。材料は、粉末のトウガラシ、ニンニク、ネギ、ショウガ。粉末のトウガラシは、小さな臼と杵で乾燥トウガラシを自分で砕いてつくる。材料を器に入れて、熱したクルミ油を具がひたる程度に加える。そこにお湯を注げば完成。クルミ油の柔らかさとトウガラシの辛さが溶け合って、ニンニクやネギのパンチが効く。油気のない平焼きパンに合うソースだ。中

上段：中華風スープ、バツィ
（雲南省徳欽県、ムロン村）

中段左：豆腐餻に近い「乳腐」
（雲南省昆明市の市場）

中段右：香味料のスープ、バチャ
（雲南省徳欽県、ムロン村）

下段：トマトの冷製オードブル、
ジャガ・バチャ（雲南省徳欽県の食堂）

華料理のタレでも似たようなものはあるが、地元産の材料だけでできることがミソだろう。

○ジャガ・バチャ

ジャガとはトマトのこと。トマトと青トウガラシの冷製オードブルである。前項の飲み物のバチャとはちがって、ジャガ・バチャは具を食べる料理だ。村長の家では見たことがないが、町の食堂へいけば食べられる。材料は、新鮮なトマトと辛い青トウガラシ。そこに香菜、ニンニク、ネギなどのみじん切りを加えて、粉末トウガラシと塩を振りかけて、少々水を加える。この料理に使う青トウガラシは非常に辛い。だが、青トウガラシを除けてトマトを食べると、トマトの甘味とタレの旨味、トウガラシと香菜の香り、ネギとニンニクの味わいが、ピリピリとしたハーモニーを醸し出す。絡み合った旨味が意外で、しばらく箸が止まらなかった。夏に食べると大汗が出て涼しくなると、チベット人たちはいう。ジャガ・バチャに似た料理は、中華の他に東南アジアにもありそうだが、雲南北部のチベット文化圏でも愛されてきた味なのだ。

以上、雲南北部に住むチベット人のトウガラシ料理を中心に見てきた。ここに記した内容は、五年から一〇年ほど前までのこの土地の姿である。現在は中国内のグローバル化によって、漢人の食文化がより浸透している。ラサにも四川料理店が多数出現して、激辛好みのチベット人が増えているようだ。だが、その少し前の姿を見ると、もともとトウガラシを食べなかったチベット人が、周囲の民族の影響によって、最初は野菜としてトウガラシを食べ始め、次第にその辛さを受け入れていった過程が見えてくる。雲南のチベット人は、いち早くトウガラシ好きになったチベット人といえるだろう。

赤いキムチとコチジャンの誕生——韓国料理とトウガラシ

鄭　大聲

韓国料理の特徴は、と聞かれると、「辛味」をイメージされ、キムチなどを挙げられる方が多いであろう。朝鮮半島の食生活を知るうえでトウガラシは欠かせない食材である。しかし、このトウガラシの味が伝統的なものとなったのは、そう古い話ではないのだ。食文化研究をしているというので、困ることがある。「あなたの国は古くからトウガラシがあり、栽培に適した土地柄なので、よく食べられているのですか」という問いかけである。

朝鮮半島の料理にトウガラシが使われるようになって、まだ三〇〇年足らず、今日のように一般化してから二〇〇年にもなっていない。

＊——トウガラシの伝来

文献記録によればトウガラシは日本から朝鮮に伝来している。『芝峰類説《チボンリュソル》』（李晬光《イスガン》著、一六一四年）には、「南蛮椒《ナンマンチョ》には大毒がある。倭国からはじめて来たので俗に倭芥子《ウエゲジャ》（にほんからし）というが、近頃これを植えているのを見かける。酒家では、それを焼酒《ソジュ》（焼酎《しょうちゅう》）に入れ、これを飲んで多くのものが死んだ」と記されているの

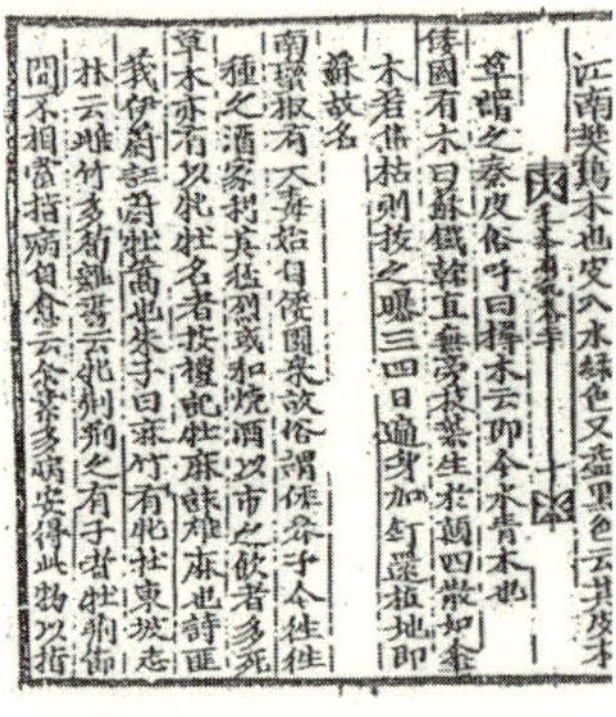

『芝峰類説』（李睟光、1614年）

だ。

この文献の著者はトウガラシが日本から伝わったということ、辛い味を「毒」としてとらえていることがわかる。一方、酒家では酒のまわりをよくするためにと刺激の辛味成分を活用している。酒をおいしく、安上がりに飲むため酒好きの庶民の知恵が発揮されたとみることができよう。インテリの著者李睟光はトウガラシをネガティヴに受け止め、愛酒家の庶民はポジティヴにとらえたということになるだろう。日本から伝わったルートは豊臣秀吉の朝鮮侵略のときか、それ以前の和冦（九州に基地を持った「海賊貿易船」）が運んだのだろうと見られている。

現在、朝鮮半島でトウガラシは「苦椒《コチュ》」と呼ばれる。刺激性の味を「苦《コ》」とすることに由来する。

＊――トウガラシの普及

十七世紀の初めには、これの使用に疑問をもつ人がいた朝鮮半島、今や世界に知られるトウガラシの消費国となったが、それには少なからずの曲折があるようだ。

一六〇〇年代末頃の料理づくりが記録された書『要録《ヨロツ》』、『酒方丈《チュバンムン》』、『飲食知味方《ウチシクチミバン》』（筆者の編訳で『朝鮮の料理書』東洋文庫、平凡社に収録）にはキムチづくりが出ているが、それにはトウガラシは利用されていない。トウガラシが生活に必要な作物として取り上げられるのは、一七一五年の『山林経済』という農業書の栽培法が初見で、トウガラシを「毒」とした記述から一〇〇年が経っている。その五〇年後の一七六六年にこの書を補った『増補山林経済』に、初めてトウガラシを使った漬物、今のキムチタイプのものが出てくる。

野菜の貯蔵食品である漬物そのものは古くからあった。それに山椒《さんしょう》、ニンニク、蓼《たで》、芥子《からし》などが使われ、漬物には「辛味」が使われている。おそらくトウガラシは辛味を活用して庶民の漬物類には使われていたのではないかと見ることができる。

この時代、文字で記録を残せる人は上層階級のインテリ層であり、料理をつくる女性にいたっては文字を書ける人はきわめて少数だった。庶民の生活では有為なものとして利用されていても、上層階級としては同じレベルで、食生活などに利用するのは「よし」としないことだったためかも知れない。

十八世紀半ばの文献にキムチに用いられていることが記されていることから、すでにかなり広範囲に一般化していたと見ることができよう。キムチは朝鮮の食生活には欠かせず、毎日食前に出されるものだったからである。韓国で食事された方は、おかずとは数えないのが、キムチだと知っていると思う。

＊――キムチが変わった

トウガラシの使用によって漬物であるそれまでのキムチに変化が起きたのである。

野菜の保存食品としてキムチは古くからあった。冬沈《トンチミ》と呼ばれるもので、ダイコンやハクサイ類に、ニンニクなどを単純に塩漬けした水分たっぷりのものである。秋の終わりに大型のかめに漬けこんで、かめを土中に埋める。必要なときにかめから取り出し、翌春頃まで食べ続ける貴重な食品となる。乳酸発酵した酸味と塩味のさわやかな水分がこの冬沈《トンチミ》キムチの価値であり特徴である。冬を乗り切るのに欠かせないのがこの漬物であった。水分が多いので、別名「水キムチ」と呼ばれる。

この冬沈タイプが主流の漬物にトウガラシが使われたことによって革命的な変化がもたらされた。

今日朝鮮半島を代表するハクサイ、ダイコンを材料とするキムチづくりには水分は加えられていない。辛いトウガラシを使用することによって別の漬物として生まれたのが、今日のハクサイキムチの類《たぐい》である。またトウガラシの使用は旨味を出す塩辛類を用いることを可能にしたといわれる。トウガラシの辛味は腐敗を防止する力があるものと受け止められたのが、塩辛類の導入につながっている。水分がないので、塩辛以外に魚介類、果実類を加える知恵が出される。ソウル地方の年中行事を綴った『京都雑誌』（十八世紀末）には、これらのバラエティに富んだキムチが記されている。

この頃からは各種の野菜類、香辛料類の利用に幅が広がり、とりわけトウガラシを使うキムチの数が一気に多様化し、キムチ文化の開花が始まったとされる

＊――コチュジャンの変化

朝鮮半島の料理を辛くしたもう一つの要素は調味料のコチュジャン（苦椒醬）と呼ばれるトウガラシみそが生まれたことである。

この味の特徴は、辛味・甘味・旨味・塩味・酸味などであるが、表に出るのは辛味と甘味である。辛い味をもったみそで椒鼓《チョシ》というのが、すでにあった。山椒が使われるみそだった。山椒の代わりにトウガラシを利用

上段：冬沈屋。奥に並んでいるのはコチジャンの壺

下段：定番となったキムチ

してつくられたのがコチュジャンで、椒鼓《チョシ》の有名だった黄海南道の地域で生まれた。この地の女性の手になる女性百科辞典ともいえる『閨閤叢書《キュハプチョンソ》』（十九世紀初頭）につくり方が記され、全国に知られるようになる。コチュジャンは調味料であり、各家庭の常備食品である。朝鮮半島の料理が辛い特徴をもつにいたった大きな要因はこのコチュジャンという調味料にあるといってもよいだろう。

ピビンパプと呼ばれる混ぜご飯にコチュジャンは必須である。ご飯に各種野菜の和えものであるナムルや魚肉類をのせて、匙《さじ》でよく混ぜ合わせてからいただく料理である。このピビンパプの味を演出するのが辛い味のコチュジャンとごま油である。粘性のコチュジャンは辛味と甘味、ごま油は旨味を出し、ピビンパプのおいしさを決定づける。

サムという食べ方の料理がある。新鮮な生野菜、チシャとその仲間やサニーレタス、ときにはエゴマの葉などにご飯や焼き肉を包んでいただく。このサム料理の調味にサムジャンという調味料がつくられる。生味噌、コチュジャン、塩辛エキスなどがよく用いられる。「サム料理にはコチュジャン」という諺《ことわざ》があるくらいだ。

焼き肉、焼き魚などのタレは醤油をベースにするが、刻みニンニクやネギ類に辛い味が加えられる。生トウガラシを刻んだもの、粉トウガラシ、そしてコチュジャンなどがその役割を果たす。

コチュジャン、この調味料は韓国では各家庭の常備食品である。現代では工場生産の商品コチュジャンが各種出まわっているが、本来は手作りのものだった。

やわらかめに炊いたご飯（もち米が多い）に味噌玉（豆麹）の粉、粉トウガラシ、塩分少々を湯で練って壺に仕込み、一カ月くらい熟成させる。冬ならば日中は日当たりのよいところに置くと熟成が進む。地域や家庭に

上段左：ピビンパプ

上段右：乾燥トウガラシを売る（韓国、南大門市場）

中段・下段：コチジャンづくり。ずらりと並んだ壺にコチジャンが仕込まれ、熟成されている。

よってつくり方に特色が見られ、コチュジャンの味は画一ではない。辛味と甘味が表に出るが、微妙な複合の味が持ち味となる。各種の料理の調味に利用されるため、それぞれ家庭の「オモニ（お袋）の味」にかかわってくるのがコチュジャンの価値となる。

トウガラシは野菜としても活用される。春から秋にかけて栽培されるものだが、青い生果実を生味噌に付けてかじる食べ方がある。食欲不振になりがちな夏によく利用される。韓国の料理店では、夏でなくても、野菜類として青トウガラシが添えられているのは食欲増進効果を期待したもの。トウガラシの生葉を茹でて和えもの料理とする食べ方もある。自家栽培の収穫を終えたとき、葉を捨てないで集めて利用するわけである。

匙でご飯、スープをいただく匙文化が特徴であることから、スープの種類が多用であり、器が大きくスープ量は多い。このスープの「薬味」になるのが辛い味である。コチュジャンを使うこともあり、青トウガラシを刻みこむこともある。スープ専用の「タデギ」という薬味は、粉トウガラシ、刻みニンニクなどを合わせたもので、好みの量をスープに混ぜていただくことになる。概して大人の男性が辛くする。初めからしっかり辛くした「メウンタン（辛いスープ）」がある。淡水魚が材料だが、このスープの辛さは半端《はんぱ》ではない。淡水魚の捕れるシーズン、つまり暑さの夏をしのぐスープメニューといえよう。

＊――トウガラシと風俗1　辛くない料理

料理に辛い味が多いのが朝鮮半島の特色といえるが、辛くない料理が当然のこととしてある。辛くないというより「辛くしない料理」とするのが正しいだろう。

冠婚葬祭のときにしつらえる正式な配膳料理には、トウガラシを使った料理は出されない。儒教の礼俗による通過儀礼は大切な生活文化であり、古くから今日につながっている。その儀礼の料理のつくり方はトウガラシ伝来以前から決まっており、味付けに辛味の刺激性のものは一切使われないことになっている。餅、魚肉類、野菜の和えもの（ナムル）、果実、スープなどが準備されるが、キムチはない。菜に数えられないからで、辛くなかった時代からないのだ。つまり、通過儀礼による料理づくりが決められたのは、トウガラシ伝来以前だったということになるだろう。

いまひとつの理由とされるのは、トウガラシの赤色が「鬼神」（亡くなった人）を寄せつけない、いわゆる「厄除《やくよ》け」の思想である。祖先を祀る法事は通過儀礼でも大切な行事といえる。その祖先を呼び寄せるのに「刺激の強い赤色」はいけないという考え方から来ているとされる。

これを裏づけるのは韓国の安東地方にいまも見られる「安東ピビンパプ」、つまり混ぜご飯である。この地方では法事が終わると、配膳された料理を合わせて参加者が分け合うためピビンパプをつくる。コチュジャンは一切使われない。先にピビンパプにコチュジャンが付き物としたが、それはソウルなどの地域では大昨日の残りもの料理を合わせて混ぜたものからピビンパプが生まれたからで、これが広く一般化したのだった。

安東ピビンパプは、法事の残り料理から生まれたので、伝統の形式を守るこの地方は、今も辛くないピビンパプが観光名物となっている。儒教文化の礼俗はトウガラシを高級料理に寄せつけなかったのである。トウガラシは、菜とは数えないキムチや、スープや一般料理に使う調味料、香辛料として日常の庶民の食卓で愛用されるものとなったわけである。

＊――トウガラシと風俗2　男子のシンボル・トウガラシ

儒教文化は「男性社会」ともいえる。一家に男子が生まれないと「家系を維持できない」と考えられたし、いまもその傾向は残っている。女の子が生まれるよりも男の子が慶ばれるわけだ。

朝鮮時代にトウガラシが伝来し、定着すると、トウガラシは幼児の男子のシンボルと見立てられたのだった。一家に男子が生まれると、それを知らしめるために縄に赤いトウガラシ、松の葉（ときには黒い炭）などを結わえて、門の前や軒下に吊す風習が根づく。我が家に男の子が生まれた、と誇らしげにデモンストレーションをしたのである。近所の人は、あの家に男の子が生まれたと知っては、「オメデトウゴザイマス」と挨拶を交わすことになる。

先の細くとがったトウガラシは幼い男の子を意味した。赤い色は厄除けを、黒い炭の場合も悪を寄せつけないことを意味したとされる。

近年この風習は廃れ、都市部ではほとんど見かけられなくなったが、農山村地域ではときどき見かけられるようである。また、赤ちゃんを出産したときに友人らから「どちらが生まれたか」と聞かれて「コチュ（トウガラシ）」だとうれしく応えるのが親しい間柄の会話となる。

男子の出生を告げるトウガラシ

＊――トウガラシの品種

トウガラシの品種改良がここ数十年活発に行われた。果皮が厚く、果実の多くつくもの、安定栽培のできるもの、また辛味成分の含有量が多いもの、多くないものなどと利用目的を考慮した改良が行われてきた。つまり、キムチづくりに使用される粉トウガラシ用、青トウガラシを生食するのに適したものをつくり出すことなどが主たる改良方向である。

粉トウガラシ用は、収穫量が多くなる果皮の厚いもの、辛味の強いものなどいろいろあり、用途はキムチ用、コチュジャン用などが主である。辛味成分のカプサイシンだけでなく、旨味成分のベタイン、アデニンなどの含有量の差によって使い分けされるという。生食用は地域によって品種が多様化しているようだ。概して南部地方が辛い品種が多いとされる。

品種改良の参考のために、韓国では世界各地から辛い品種を集めており、その数は一五六品種に上り、それぞれを調査したデータがあるといわれる。

朝鮮半島全域で、生活で消費される辛い味は一様ではない。南部地方の全羅道、慶尚道、江原道地方が北部の北朝鮮、ソウル、忠清道地方よりも辛味を多く用いると昔からいわれている。料理に油を多く用いる地域は辛味の使用が少ないといわれている。

トウガラシを使ったキムチのつくり方、辛い調味料のコチュジャンの上手なつく

表1　韓国のトウガラシ消費量（2009年現在）

年間消費量	20～25万t
年間市場規模	1兆2000億～1兆5000億ウォン、 実質は5000億ウォンくらい （1kgあたり6000ウォン）
1人あたり年間消費量	乾トウガラシ基準4.0～4.5kg＊ 粉トウガラシ基準2.0～2.5kg＊
2010年の1人あたり消費量予想	4.5kg

＊この消費量は、世界の主産地での消費量の5～10倍

り方を身につけていないと女性は嫁に行けないとされていた韓国、昨今はスーパーでキムチやコチュジャンを買い求める時代になった。家庭での食事も洋食化によりキムチの消費量が減り、学校給食にキムチを義務づける地域も見られた。昔に比べると料理とトウガラシの関係は変化したとはいえ、朝鮮半島のトウガラシ文化は幅を広げながら欠かせない存在であることは、表1および図のデータが如実に示してくれよう。

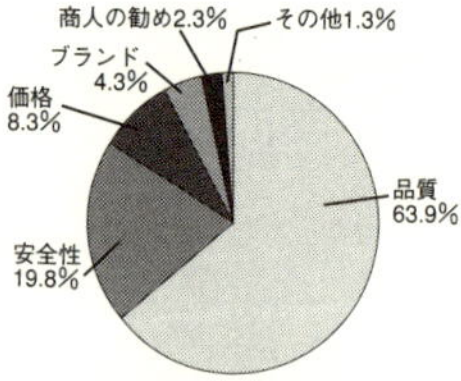

購入時考慮事項

統計資料
KREI韓国農業観測情報センター
農協研究所統計

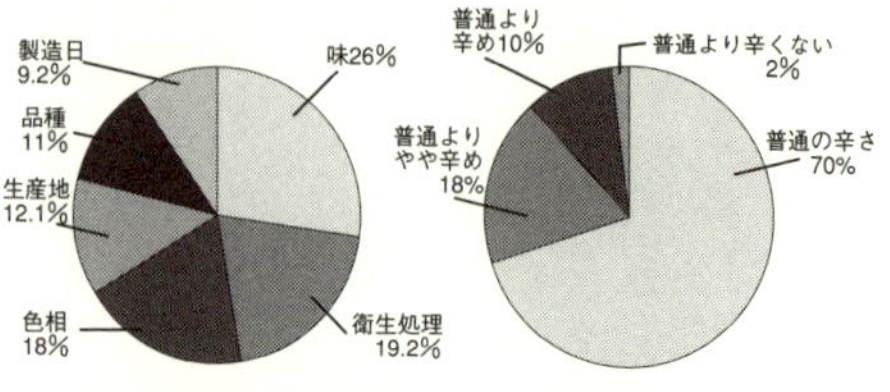

トウガラシ購入時の判断基準　トウガラシの辛さと購入基準

韓国内におけるトウガラシの消費動向

薬味・たれの食文化とトウガラシ――日本

山本宗立

トウガラシ（唐辛子）の辛味に対する嗜好は人それぞれであるし、一つの国のなかを見ても辛味を好むエスニックグループとそうでないグループが存在する場合がある。このことを大前提としたうえで、トウガラシを好んで食すアジアの国・地域として私たち日本人がすぐに思い浮かぶのは、韓国・中国四川省・タイ・インドではないだろうか。日本は、近年の激辛ブームによってトウガラシがさまざまな食品に添加されるようになったものの、このパッチワーク状に広がる「トウガラシ大好き文化」には属していないといえよう。私自身トウガラシ研究に携わるまでは、トウガラシといえばうどんにかける七味、カレーは甘口、ししとうの煮付けで辛い果実にあたったらもう大騒ぎ、という始末であった。しかし「激辛文化」を選択してこなかったからといって、日本人のトウガラシ利用が他国に比して見劣りするわけではない。日本人がこれまでに築き上げてきたトウガラシとのかかわりを伝播や呼称、利用の観点から見ていきたい。

＊――諸説定めがたい、トウガラシの日本への伝播

一四九三年コロンブスが初めてトウガラシを新大陸からヨーロッパへ伝えた後、インドへは一五四二年に、中国へは明朝末期（一六四〇年頃）までにトウガラシは伝わったとされている。トウガラシの日本への伝播については、ポルトガル人が天文一一（一五四二）年に伝えたという説がいちばん古く（『草木六部耕種法』一八三二年）、豊臣秀吉または加藤清正が文禄年間（一五九二～一五九五年）に朝鮮半島より日本へ持ち帰ったという説（『花譜』一六九四年、『物類称呼』一七七五年、『農業雑誌第百七十号』（一八八二年）の「蕃椒の説」）、あるいは慶長年間（一五九六～一六一五年）や慶長一〇（一六〇五）年に南蛮より煙草と同時にまたは相前後して伝来したという説（『本朝食鑑』一六九七年、『和漢三才図会』一七一二年、『蕃椒圖説』一八八二年）など諸説ある。

『多聞院日記』の文禄二（一五九三）年二月十八日の一節に「こせうのたね尊識房より來、茄子たねうえる時分に植とある間今日植了、茄子種の様に少く平き也、惣の皮あかき袋也、其内にたね數多在之、赤皮のからさ消肝了、こせうの味にても無之、辛事無類」注1とある。この「こせう」は明らかにトウガラシのことを指しており、安土桃山時代にはすでに日本へトウガラシは伝来していたと考えていいだろう。韓国の『芝峰類説』（一六一四年）には「南蠻椒有大毒。始自倭國來。故俗謂倭芥子。今往往種之」とあり、トウガラシは日本から朝鮮半島へ伝えられたとされる。伝播の方向はさておき、遅くとも十七世紀初頭にはアジアの東限にまでトウガラシは伝来し、人や物とともに各国を往来し、博物学者など上流階級の人びとの目に留まる存在となっていたようだ。

右：「こしょう」とラベルを貼られたトウガラシ（福岡県前原市三瀬村、2006年3月）

左：こしょうみそ（長野県北安曇郡小谷村、2009年6月）

＊――日本のトウガラシの呼称

私の両親は兵庫県出身でトウガラシのことを「とうがらし」あるいは「とんがらし」と呼ぶ。しかし機会があって訪れた北海道や九州では、トウガラシはそれぞれ「なんばん」、「こしょう」として地場産の野菜直売所で売られていた。トウガラシのことを「とうがらし」としか認識していなかった私は非常に驚いたとともに、このような方言がどのように分布するのかを知りたくなった。そこで文献や私の現地調査結果をもとにしてトウガラシの方言分布図を作成した（次ページ）。

日本におけるトウガラシの方言は「とうがらし系」、「なんばん系」、「こしょう系」、「からし系」に大別される。江戸時代の本草学ではトウガラシのことを主に「蕃椒（番椒）」と表記するが、「唐辛」、「南蛮辛」、「南蛮胡椒」、「高麗胡椒」なども併記されることが多い。『成形図説』（一八〇四年）に「おもうに唐とも高麗とも云は並に外国のひろき称のみ」とあるように、「唐」、「南蛮」、「高麗」は広く外来を示す語と

トウガラシの主な方言分布図（『日本植物方言集成』、『琉球列島植物方言集』、『日本の食生活全集』および筆者の調査結果をもとに作成）

考えられる。日本のトウガラシの方言は、トウガラシが伝播する以前から日本人が利用していた香辛料である「胡椒」や「芥子（辛）」などの名称をそのまま借用したり、伝来を示す語が付加されたり、いつの間にか外来を示す「南蛮」のみが使われるようになったり、逆に「高麗」など付加された語が抜け落ちたりしたのではないだろうか。ちなみに、九州地方でトウガラシを「こしょう」と呼ぶ理由については、「長崎にて蕃椒を胡椒と唱へ、トウガラシは唐を枯しといふ同音なれは、必す胡椒といふ、長崎の地役人共、唐船の為に扶助せらるるなれは、唐國を尊み敬ふ事此れのごとし」（『内安録』一八三〇〜一八四七年）という考え方もある。真偽の程はご想像におまかせするとして、以下に各系を順に紹介する。

「とうがらし系」・・・「とうがらし」、「とーがらし」、「とがらし」、「とんがらし」、「とんがらせ」など。江戸時代・近代からトウガラシの標準的な名称として「とうがらし」が使われてきたため、現在の「とうがらし系」の分布から過去のそれを推定することは難しい。そのような理由から、今回は「とうがらし系」の分布を地図に示さなかった。しかし、他の方言の分布域や江戸時代の文献から推定するに、いわゆる「太平洋ベルト地帯」が「とうがらし系」の中核地域となるのではないだろうか。

「なんばん系」・・・「なんばん」あるいは「なんば」。北海道・東北・上越地方全域、茨城県・千葉県・神奈川県・山梨県・長野県・愛知県・岐阜県・滋賀県・鳥取県・島根県の一部地域。地域によっては「なんば」はとうもろこしを指すことがある。柳田國男は「玉蜀黍と蕃椒（方言の小研究二）」（『民族』第三巻第四号一三九〜一五六、昭和三年）という論文のなかで、「伊勢湾の両岸に於ても、あれほど頻繁な交通がありながら、三重県側のナンバは紀伊大和から一続きに、玉蜀黍のナンバであり、対岸の三河で只ナンバと謂へば、人は蕃椒のことと解せざるを得ないのである」と述べている。

「こしょう系」・・・「こしょう」、「くしょ」、「くーす」など。九州・沖縄地方全域、新潟県・長野県・岐阜県・京都府・兵庫県・鳥取県・島根県・岡山県・山口県の一部地域。沖縄の一方言である「くーす」の由来を「胡椒」の他に「薬」だとする考え方もある。しかし、本土から沖縄にいたる島嶼部の方言を北から見ていくと、「こしょ、こしゅ、くしゅ、くしょ（奄美大島）」、「ふしゅ、ふす（喜界島）」、「くしゅ（徳之島）」、「ふしゅ（沖永良部島）」、「あーぐしゅ、ほーふし（与論島）」、「くそー、ふっすー、ほーるぐーしゅ、ほーれぐす、こーれーぐす（沖縄本島）」、「くーす、くーすー、ぐしゅ、ぐす（先島諸島）」となっており、「こしょう」が連続的に変化していることがわかる。そのため私は「くーす」を「こしょう」由来だと考えている。

「からし系」・・・広島県・愛媛県・高知県・長崎県・大分県の一部地域、その他場所は特定できないものの東北・上越地方でも点々と「からし」と呼ばれるようだ。愛媛県温泉郡重信町では、ししとうがらしを「あまし」、辛いトウガラシを「からし」と呼ぶことがある。他の三系に比べて分布域は狭い。

「なんばん系」と「こしょう系」の分布を見てみると、新潟県、長野県、岐阜県のあたりを境界として思いのほかくっきりと東西にわかれる。中部地方西側附近は、関東弁と関西弁の境界線にあたり、方言やアクセントについてもこの地帯を境にして東西に差異があることが知られている。また、この「なんばん系」と「こしょう系」の境界線は、カブの品種である西洋系カブラと東洋系カブラを東西にわける「カブラ・ライン」と類似する（青葉高『野菜』一九八一年、中尾佐助『農業起原論』一九六七年）。カブやオオムギの品種分布を見たときに山陰地方は不安定な地域である、と両氏は指摘しているが、これは「なんばん系」と「こしょう系」の方言が島根県・鳥取県の一部地域で混在している事実と一致する。もちろんトウガラシの場合は品種ではなく方言であるため簡単に比較することはできないが、過去の人の動きや文化の広がりなどと関係があるように思われる。

それではこのような方言はいつから使われていたのだろうか？『食物伝信纂』（一七一一年）には俗称としてすでに「ナンバン」の記述が見られる。『物類称呼』（一七七五年）には「西国及奥の仙台にてこせうという　東国にて真の胡椒をのみこせうといふ（中略）但奥羽のうちにてもなんばんと称する所もあり　上総及参遠にてなんばんといふ」とあり、また『成形図説』（一八〇四年）には「東北国にてはただ南蕃とのみいひ九州地方にては胡椒とのみいふ」とある。二〇〇～三〇〇年以上も前から各地で現在と同じようにトウガラシを「なんばん」や「こしょう」と呼んでいたことがわかる。情報が氾濫する現代において、拡大の一途をたどる「とうがらし系」勢力に負けず、各地で「なんばん」、「こしょう」が使われている理由をそこに見たような気がする。

＊——トウガラシを使った料理・加工品

トウガラシを使った日本の料理・加工品といえば皆さんは何を思い浮かべるだろうか？　地域によって思い浮かぶものは異なるのであろうか？　私ならまず「きんぴらごぼう」。あのぴりっとした辛味と甘辛い味付けはビールのお通しに最適。次に焼鳥屋ならば「ししとうの串焼き」。こちらはなんともいえないししとうの青臭さと醤油・鰹節の香ばしさでビールがますますすすむ。そして最後の「〆《しめ》」はやっぱりラーメン。博多ラーメンに好みで入れる「からし高菜」の独特の香りや酸味、そして辛味が豚骨スープに風味を添える。

トウガラシの特産品としては、新潟の「かんずり（トウガラシを雪にさらし、塩や麹とともに熟成）」、九州の「ゆずこしょう（トウガラシ、柚子の果皮、塩を混ぜて熟成）」、沖縄の「こーれーぐーす（トウガラシを泡盛に漬けたもの）」などが全国的に有名なのかもしれない。その他に私が確認した例では、トウガラシをサトウキビなどの酢につけたもの（奄美大島）、トウガラシを日本酒に漬けたもの（長野県小谷）、トウガラシふりかけ、一味、七味、八味、トウガラシ味噌などがある。

日本全国において五〇〇〇人以上の話者から食について聞き書きをした大著『日本の食生活全集』（計四八巻）には、私の読んだ限りではトウガラシを使った料理・加工品に関する記事が六八七カ所あった。トウガラシの利用のされ方により、以下のように大別してみた。トウガラシ（ししとうやピーマンなども含む）がおもな材料（七九カ所）、料理の辛味として（一六六カ所）、発酵・保存食（一七二カ所）、薬味（一三〇カ所）、薬用・禁忌・儀礼・その他（四〇カ所）。

こうして見てみると、塩漬け、ぬか漬け、こうじ漬け、醤油漬け、酢漬け、味噌漬けなどの漬物や、なれずしやへしこなどの魚の保存食にトウガラシを用いる例が日本では多いことがわかる。発酵・保存食にトウガラシを使う理由は、愛知県を除いた全都道府県において「虫がわかない」という記述が見られた他、「ぬか床が疲れて黒ずんでくるのを防ぐ」（山梨県）、「かびが生えぬように」（香川県）、「たかのつめを入れると、長いもん（へび）が入らん」（滋賀県）というような事例もあった。もちろん、あのぴりりとしたトウガラシの辛味がそれらの味を引き締めておいしいから、というのはいうまでもない。

私の目に留まったトウガラシを使った地方特有の料理・加工品を少しあげてみよう。「青なんばんの三升漬（青なんばんのきざんだもの、米こうじ、たまり各一升を合わせてかめに入れる）」（青森県・秋田県など）、「ふすべもち（辛味もち、なんばんもちともいう。ごぼうのささがきと大根おろしを油で炒め、蒸した沼えびやきざんだなんばん、野菜などを汁に加えて、醤油、酒で味をととのえ、もちをちぎって入れる）」（岩手県）、「醤油豆（おもにそらまめを用い、豆をたくさん炒って、醤油ととんがらしの汁の中に漬ける）」（香川県）、「からし煮（とうがらしの青い葉と実をゆでて、醤油で煎りあげる）」（高知県）、「葉とうがらしの味噌漬」（福岡県）など。

紙面の都合上、その他の料理・加工品については別稿に委ねるとして、トウガラシを使った料理・加工品は全国でそれほど変わりがないと私は感じた。特に「きんぴら」の記述は各地で見られ、トウガラシを補助的に使った料理の筆頭といえるかもしれない。また、一味や七味、トウガラシを用いたなめ味噌類や田楽味噌なども日本各地で利用されていた。地方特有の料理や加工品があるとはいえ、アジアの他地域と比べると嬉々としてトウガラシを料理に使うわけではなく、「好みで」、「もしあればぴりっとうまい」など補助的な用法が多いよ

上段右：自家製の調味料。酢に漬けたこしょ（トウガラシ）。刺身を食べるとき醤油に少しこの汁を加える。トウガラシの辛味とともに酢のつんっとした香りが実に刺身に合う（鹿児島県奄美市名瀬、2009年3月）。

上段左：トウガラシ・白ごまに特産のお茶（煎茶・焙じ茶・番茶・かぶせ茶・玄米茶）を加えた八味（滋賀県甲賀市土山町、2009年9月）。

下段：葉とうがらしの漬物（京都府京都市、2009年9月）。

うに思う。やはり「激辛文化」には属していないといえる。ただし、最近ではハバネロ、ジョロキアなどを使った激辛商品や、激辛ラーメン、激辛カレーなど激辛料理が巷をにぎわせている。もしかしたら千年後、いや百年後には、さも当たり前のように日本も「激辛文化」を謳っているかもしれない。

トウガラシの利用で特筆すべきことは、トウガラシの葉が佃煮や油炒め、炒め煮、塩漬、味噌漬、味噌汁の実など多岐にわたって利用されていることだ。現在では葉を食べることを目的としたトウガラシの品種「京唐菜」もある（コラム「日本のトウガラシ品種」参照）。私が調査した台湾原住民やフィリピンのバタン諸島でもトウガラシの葉はお粥やスープ、炒め物に利用されていたし、カンボジアでは食用の他、食品の着色料や薬としても葉が利用されていた。トウガラシは果実だけではなく、葉も重要な食材となるのだ。

＊――トウガラシの民俗誌

トウガラシは食用以外にも利用されている。スーパーマーケットや薬局へいってみよう。「トウガラシ」に意識を集中させると・・・見えてくる。切り枝、鉢植え、リースなどの飾り、魔除けのアクセサリー（正確にはプラスティック製品だが）、トウガラシ文様をあしらった衣服など観賞・装飾に関するものや、防虫剤、入浴剤、防犯用スプレー、温湿布、ダイエット商品など生活・医薬に関するものである。普段は素通りして気付かないトウガラシ関連商品が結構あるものだ。このような商品・製品のなかには民俗的な利用法に基づいたものがある。たとえば「米びつの虫除けにトウガラシを入れておくとよい」や「足が寒いときに靴下のなかにトウガラシを入れておく」などである。

以上のような民俗資料は、日本人とトウガラシとのかかわりを知るうえで非常に重要な情報となる。しかし、日本のトウガラシに関する民俗資料をまとめた書籍はないといっても過言ではない。そこで日本のトウガラシ民俗誌を充実させるために、以下にいくつかの項目を立ててその契機とし、この章の終わりとしたい。

「薬用」・・・健胃剤、食欲不振、腹痛、嘔吐、下痢、頭痛、歯痛、腰痛、肩こり、咳、肺病、結膜炎、破傷風、眼中のごみ、二日酔い（以上『沖縄民俗薬用動植物誌』および『沖縄の薬草百科』を参照した。同じような利用法は他地域にもある）。しもやけ（凍傷、足の指をあたためる）（北海道、大阪府、鹿児島県）。湿布（佐賀県、沖縄県）。「花や種子を干したものまたはこの生を煎用すれば利尿の効あり」（鹿児島県）。「足が痙攣《けいれん》するとき、トウガラシを蒸留酒に漬けてそれを塗る」（鹿児島県奄美大島）。

「妊娠中の禁忌」・・・「とうがらしを食べると頭の毛の薄い子が生まれる。鼻の赤い子が生まれる。流産する。目の悪い子、縮れっ毛の子が生まれる」（群馬県）や「なんば（とうがらし）を食べると頭の毛が薄くなる」（石川県）、「とうがらしやしょうがなど刺激物はいけない」（岡山県）など。

「離乳」・・・「乳離れに乳まめのまわりにとうがらしをつける」（香川県）、「乳房にとうがらしやしょうが、墨などを塗って乳房から遠ざけたりする」（沖縄県）。

「盆関係」・・・盆のお供え物（千葉県、三重県、兵庫県）。「十四日（中略）昼はぼたもちに、かぼちゃ、なす、豆、大根葉、甘藍葉、ひゆ、とうがらしの葉をゆがいて味噌あえにした「七草あえ」を供える」（奈良県）。

「儀礼・儀礼食」・・・「なんばんいぶし（とうがらしの粉と米糠を混ぜたものを、密室で焚いていぶす苦行）」（山形県）、「ことえぶし（籾殻《もみがら》、豆幹などに、においの強いさいかちの実、とうがらしを混ぜ、門口で焼いて邪気を払う」（長野県）、「葬式の日は、（中略）青こぶとうがらしを入れた、とんがらし汁という辛い味噌汁を食べる」（三重県）。

「その他」・・・「きのこのあくぬき（トウガラシを入れた水につける）」（宮城県、福島県）。「どじょうの土はかせ（トウガラシを入れた水で泥を吐かせる、どじょうを弱らせないためとも）」（鳥取県、愛媛県）。「たけのこを糠とトウガラシをいれて茹《ゆ》でる（筆者注：あくぬきを目的とするのか？）」（埼玉県、岡山県、香川県、熊本県）。「赤唐辛を煎じた汁に浸して干した着物を着るとノミが来ない、ただし一度洗濯したのを浸す」（宮城県）。「とうがらしの木を冬場の風呂の焚き木とする」（香川県）。「鳥が死にかかったときにトウガラシ水を飲ませると生き返る（または養鶏強壮剤）」（島根県、兵庫県、鹿児島県など）、「こしょーめし。こしょー汁を飲ませると鶏が生き返る」（佐賀県富士町杉山、『佐賀の植物方言と民俗』を参照）。

注1　本文に引用した江戸時代・近代の文献については、読みやすいように片仮名を平仮名に改めた。

〈コラム〉日本のトウガラシ品種

＊——江戸時代から特産品として発達

山本宗立

残暑も和らぎ風が心地よくなってきた二〇〇九年九月中旬、京都の大原三千院のそばにある「里の駅大原」へふらーっと立ち寄ってみた。そこでは地場産の野菜が売られており、トウガラシも袋詰めにされて所せましと並んでいた。ラベルを見てみると「万願寺とうがらし」、「たかのつめ」、「とうがらし水引」、「鷹ヶ峰とうがらし」、「伏見とうがらし」、「京唐菜」、「青とうがらし」、「ピーマン」があり、思いのほか種類が多くて驚いたとともに、さすが京都、と感心したことを覚えている。

京都の伏見はトウガラシとの付き合いが長い。『毛吹草』（一六三八年）の「諸国名産ノ部山城畿内」には「稲荷（中略）唐菘《タウガラシ》」とあり、約五〇年後に刊行された『雍州府志』（一六八六年）にはトウガラシについて「取々に之れ有り　稲荷邊種所ろ佳なりとす」とある。トウガラシが伝来して間もない江戸時代初期から伏見近郊ではトウガラシが特産品だったことがわかる。また、「京唐菜」は京都市と京都大学が連携して開発した品種で、葉や茎を食用とする。トウガラシの葉を食べるなんて意外、という読者が多いかもしれないが、昔からトウガラ

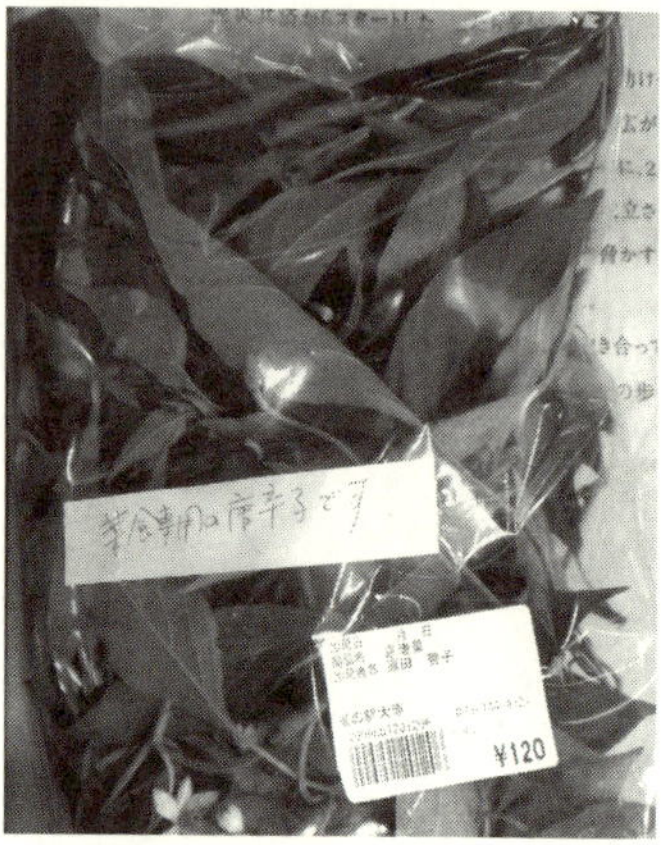

葉を食べる品種「京唐菜」（京都府京都市、2009年9月）

シの葉は佃煮、油炒め、炒め煮、塩漬、味噌漬、味噌汁の実などに利用されてきた（第5部「日本」参照）。

関西近郊で見聞きしたことのあるそのほかの品種としては、「田中とうがらし」（京都府）、「虎の尾」（三重県）、「福耳とうがらし」、「ひもとうがらし」、「三鷹」、「本鷹」などがある。日本各地には「札幌大長なんばん」、「清水森なんば」（津軽）、「南部大長なんばん」（東北）、「神楽南蛮」（新潟）、「ぼたんこしょう」（信州）、「あじめこしょう」（岐阜）など地方特有の品種があるようだ。伝統野菜が見直されている今、忘れ去られたトウガラシの在来品種がもう一度日の目を浴びる可能性がある。

それではいつごろから品種（あるいはさまざまなトウガラシといったほうが正確か）が認識されていたのだろうか。『会津農書』（一六八四年）には「大辛、中辛、八生、十生、天上生、鳶口、珊瑚樹」のようにいくつかの種類があげられている。また、一七世紀後半に著されたと考えられる『百姓伝記』に興味深い記事がある。少々長いが引用したい。

とうからし共なんばんからし共いへハ、南国より本朝へわたるかなり。今色々種見へたり。赤くほそく身なるうちに大小あり。またミちかく赤きになりの色々かわりたるものあり。赤きうちにとつと大きなるものあり。また黄色なるうちに大小あり。下へさかりてなるもあり、そらへむきてなるもあり。ミな味ひ同前なり。然とも大きなる程からミうすく、ちいさきほどからミつよし。赤きと黄色なるものあれハ、異国より種を渡すに南国より渡し、とうからし・なんはんからしといふかなり。赤きハはやくわたり、黄色なるハおそく見へたる。古農の語伝ふ。

日本にトウガラシが伝来して一〇〇年足らずで、さまざまな種類（果実の形や大きさ、色、なり方）のトウガラシがすでに存在していたことがわかる。また、果実が赤い品種に後れて黄色い品種が伝わってきた、とあるのも面白い。ただし、このような品種が日本各地で内発的に生まれたのか、外国から漸次伝わってきたのか、今のところわからない。

一七三〇年代に江戸幕府が領内の産物を調べて編纂した『享保・元文諸国産物帳集成』に記載されたトウガラシの名前を見てみよう（表5-1）。「赤」、「黄」、「うこん」など色に関する名称、「長」、「圓《まる》」、「細」、「大」、「小」など果実の形に関する名称、「そらなり」、「てんぢく守り」、「うなだれ」、「七ツなり」、「八ツなり」、「百なり」、「千なり」など果実のなり方に関する名称、その他に植物名（酸漿や柿、桜など）や人物名（吉太夫、吉藤治など）、地名（江戸）にちなんだ名称があった。『物類品隲』（一七六三年）には「一種其の味甘きものあり長さ三寸許形豊にして色鮮紅　其の形色は甚辛棘なるべくして却て甘し是亦物の變なるものなり」とあり、辛くない品種も十八世紀中頃までにはすでに知られていたようだ。

平賀国倫（源内）（一七二八～一七七九年）の『番椒譜』や『番椒圖譜』は発刊前の書だが、トウガラシ研究の

表5-1　『享保・元文諸国産物帳集成』に記載されていたトウガラシの名称

地域	トウガラシの名称
北海道・東北地方（松前、陸奥、盛岡、仙台、出羽、米沢、会津）	江戸なんばん、鬼ちぢみ、柿番椒、きなんばん、きんとき、釘番椒、ごすなんばん、こなんばん、五分なんばん、すずななんばん、そらなり、そらふきなんばん、たかのつめなんばん、たわらなんばん、てんこなんばん、天井なり、虎の尾なんばん、なかなんばん（長なんばん）、七ツなり（七ツ成なんばん）、ほうつきなんばん（ほうずき、ほふつき、酸漿番椒）、丸なんばん、八重なり、八實番椒
関東地方（水戸、下野国、下総）	ウイロウ、うこんとうからし、江戸とうからし、大とふがらし、おくとうからし、柿とふがらし、ぐみとうがらし（ぐミとふがらし）、金平、さきのはし、ジマカウ、そらまぶり、鷸のはし（長トウガラシの一種）、テン上、天上まぶり、とびくち（トビロ）、とらの尾（長トウガラシの一種）、ながとうがらし(長とうからし)、八つなりとうがらし（八ツなり、八ナリ）、ホホツキ、六カク、わせとうからし
北陸地方（佐渡、信濃、加賀、能登、越中、越前）	江戸なんばん、おほとうからし、かきなんはん、吉太夫、吉藤治、黄なんばん、ささきなんばん(あつきなんばん)、そらむきなんばん、てんちくなんはん（てんちくまふり）、てんとうまぶり、長なんはん（長なんばん）、八なりなんはん（八ふさなんはん）、百なりなんばん（百成りなんばん）、細なんはん、ほうずきなんばん（ほうつきなんはん、ほうつき、ほうづき、ほうづきとうがらし）、丸なんはん
東海地方（伊豆、遠江、駿河、尾張、美濃、飛州）	赤、あぬき、うしの尾、江戸（江戸とうからし）、かにの足、黄（きとう、きなんばん、黄とうからし）、き太夫（きたゆふ、きだゆふ）、けしなんば、さんこしゆ、千なり（せんなり）、そらなんばん、小とうからし、ちちみ、てうせん、天しくまもり（てんちくまもり、てんちく守、天ちくまもり）、としよ、とじよなんば、なか（長とうからし）、七ツなり（七つなり）、なんきん、八しほ、八つなりやつなんばん、日向、ふし長、ほうつき（ほうづき、ほうづきなんば）、ほんつき、丸（まるなんば）、ミじん（みぢん）、麦から
近畿地方（和泉、紀州、山城）	うなだれ、黄唐がらし、さくら唐がらし、なが唐がらし、七ツなり、ほうづき唐がらし、まるとうがらし
中国地方（隠岐、出雲、備前、周防、長門）	赤とうからし、黄とうからし、白とうからし、天とう守、長唐辛子
九州地方（筑前、対馬、壱岐、肥前、豊後、肥後、日向）	榎子番椒、烏帽子番椒、圓番椒、大番椒、鬼灯番椒、兜番椒、金番椒、櫻ごせう、桜番椒、千のやさき、千矢番椒、千生番椒、竹節番椒、つきがねごせう、のぼりごせう、八生番椒　一名　天笠番椒、針番椒、ふさなりごせう、まるごせう、蚯蚓番椒、四頭番椒

草分けといえる内容だ。『番椒圖譜』には「長之類　赤十三　黄二」（錦木、鷹ノ爪、黄鷹ノ爪、サツマ、八ツ房など）、「短之類　赤十　黄四」（水子、シイノ実、一寸法師、くちなしなど）、「方之類　赤七　黄二」（トツハイなど）、「圓之類　赤九　黄六」（さくら、珊瑚、九曜、星降、玉川など）、「甜番椒　一種」の五十四種類（細分類をいれると六六種類）が色付きで描かれている。江戸時代には多様な古典園芸植物（ツバキ、ツツジ、キク、オモト、アサガオなど）が発達したことが知られている。遅くともこの頃までには、海外からの導入だけではなく、人びとの好奇心を満たすために変わった色や形、なり方のトウガラシが探索、育種、栽培されていた可能性が高い。

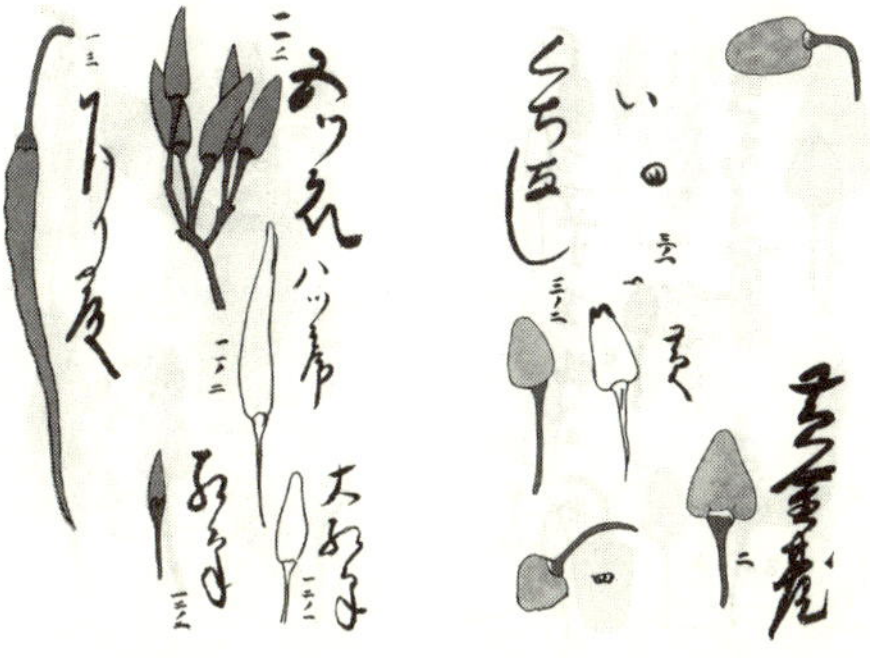

『番椒圖譜』の「長之類」および「短之類」の一部分（『平賀源内全集下巻』平賀源内先生顕彰会編、名著刊行会、1970より転載）

時代が下り、明治十五（一八八二）年に刊行された『蕃椒図説』には、果実が上向型の一四種（「マルメ」、「大モモガタ、中モモガタ、キ小モモガタ」、「キダユウ八房、トヘイジ八房」、「コフデ、オホフデ、フテテ」、「アマノガワ」、「小ザクラ」、「フト」、「ククリ」、「小マルアゲナリ」）、果実が下垂型の二一種（「イセタウガラシ、キイセ」、「ナガタウガラシ一名ツララ」、「マキフデ、キマキフデ、カバマキフデ」、「小マル、コマル（今回は別のものとして扱った）」、「ヒメ」、「ミダレナリ、オホミダレ」、「十文ジ」、「チヤキンフクロ」、「米種オホキクザアマタウガラシ」など）、あわせて三十五種類が描かれている。

現在日本におけるトウガラシの品種分類は以下にようになっている（カラー口絵も参照）。

伏見群　伏見甘、伏見辛、万願寺、日光、札幌太など
八房群　八房、熊鷹、信鷹、静岡三鷹など
鷹の爪群　鷹の爪、本鷹など
榎実群
五色群
在来小獅子群　ししとう、田中など
中型獅子群　三重みどり、昌介など
ベル群　カリフォルニア・ワンダーなど

詳しくは『トウガラシ　辛味の科学』を参照されたい。

＊――トウガラシとは別種のキダチトウガラシ

これまでに見てきたトウガラシは植物学的にほぼすべてトウガラシ（*Capsicum annuum*）に属している。しかし、南西諸島や小笠原諸島では別種のキダチトウガラシ（*C. frutescens*）が栽培・利用されている。

沖縄県那覇市の公設市場へ行くと、パックに詰めて売られている生のキダチトウガラシを見かける。沖縄へ行ったことがある人は沖縄そばを食べるときに使う「こーれーぐーす（トウガラシを泡盛に漬ける）」という調味料に覚えはないだろうか。和風の出汁《だし》にとても合うため、うどんなどにもってこいの調味料だ（カラー口絵参照）。

上段：そーきそばと島豆腐サラダの間にある自家製こーれーぐーす（小瓶）（沖縄県竹富島、2005年2月）。

中段左：キダチトウガラシの特産品。ラー油（右手前）、トウガラシ味噌（右奥）、酢に果実を漬けた調味料（左）（東京都小笠原諸島父島、2003年4月）。

中段右：泡盛の一升瓶に漬けた自家栽培のキダチトウガラシ（沖縄県竹富島、2005年2月）。

下段：舗装された道路とコンクリートの壁のあいだから生えているキダチトウガラシ（真ん中の植物）（沖縄県石垣島、2005年2月）。

この「こーれーぐーす」にはキダチトウガラシの果実がよく使われる。「ピーサー（ヒヨドリの仲間）やカラスなどに赤く熟した果実、次の日収穫しようと思っていた果実を食べられてしまう」、「果実の汁を雑草の茎の先に塗って友達になめさるというういたずらをした」、「呉汁に葉を入れる」という話を八重山諸島で聞いた。また、石垣島では自家製のキダチトウガラシ一味と「こーれーぐーす」を見せていただいた。

小笠原諸島では刺身を食べるとき、ワサビの代わりにトウガラシ（キダチトウガラシも含む）を醤油のなかで潰して辛味を加えることがある。三重県の漁師町でもトウガラシを同様に用いるようで、日本各地の漁村で行われている可能性がある。また、小笠原諸島の父島ではキダチトウガラシが特産品として販売されていた（乾燥させた果実、ラー油、トウガラシみそ、酢に果実を漬けた調味料）。二〇〇三年に小笠原諸島を訪れたときには、キダチトウガラシは「とうがらし」、「硫黄島とうがらし」、「島とうがらし」、「鷹の爪」などさまざまに呼ばれていた。「メジロがよく果実をついばんでいく」や「アフリカマイマイによる新芽の食害がある」という話も聞くことができた。

南西諸島・小笠原諸島では、キダチトウガラシは道端や家屋の敷地内、林の周縁部などに野生化しており、「道端に自生する香辛料」となっている。熱帯アジアの各地でも、トウガラシではなくキダチトウガラシがよく野生化している。植物が栽培化（ドメスティケーション）されると、種子の休眠性や果実の脱落性、開花結実に対する環境要求性（日長・温度など）が喪失し、繁殖器官は巨大化することが一般的に知られている。キダチトウガラシを調べてみると、種子には休眠性があり、開花に短日を要求し、果実は萼《がく》から容易に脱落し、小型の果実は鳥がついばみやすく、鳥があちこちで糞をする、ということが私たちの研究から明らかとなっている。

キダチトウガラシは栽培化がまだそれほど進んでいない、換言すれば「野生の勘」をまだ有しているのだ。これが各地で野生化している一要因だと思われる。

キダチトウガラシの日本への伝播に関しては、私たちの研究から現在以下のように推定されている。①南西諸島・小笠原諸島はアジアにおけるキダチトウガラシの伝播の終点にある、②南西諸島と小笠原諸島へは異なった系統が異なった道筋を通って伝播してきた、③南西諸島系統は、東南アジア島嶼部に分布するいくつかの系統と類似度が高く、東南アジア大陸部には類似する系統がいまのところ見つかっていないことから、島嶼部のみを経由して伝播してきた可能性が高い。

今後より幅広い地域で調査をすることで、キダチトウガラシが東南アジア・東アジアへどのように伝播してきたのか、起源地である新大陸からヨーロッパ・アフリカ・インドを経由したのか、それとも新大陸から直接太平洋を経由して伝播したのか、明らかにしたいと考えている。

【参考文献】

高島四郎編著『歳時記　京の伝統野菜と旬野菜』トンボ出版、二〇〇三年
矢澤　進著「トウガラシの生物学」岩井和夫・渡辺達夫編『トウガラシ　辛味の科学』幸書房、二〇〇〇年

結び

トウガラシ、その魅力の秘密

辛さの刺激とスリル、栄養と効用——トウガラシの科学

*——シシトウからハバネロまで、辛さの決め手カプサイシン

渡辺達夫

トウガラシには人を惹きつける不思議な魅力があるようだ。その辛さゆえ、額に汗をかき、ときには口中をひーひーいわせながらも、トウガラシ好きは食べるのを止められない。こうしたトウガラシ好きの心理について、アメリカのロージンという学者は、おもしろいことをいっている。トウガラシを食べたときの辛いという感覚は、動物にとって危険なものを食べているという信号なのだが、それにもかかわらず、実際には何事もなく、ぴりっとした刺激の後、さわやかな感覚とともにすーっと辛味が引いていく。そこにある種のスリルと快感が得られる。人は、そのスリルを楽しんでいるのだ、と。彼らの研究グループは、トウガラシを食べた後の快・不快感をも調べていて、トウガラシが好きな人は、食べた後に快感が高まることも見出しているのである。スリル云々はともかく、確かに、口のなかを刺激するトウガラシの辛さは、食の楽しみの一つといえるだろう。現代では、世界中で多くの人びとに愛され、食事のアクセントとして欠かすことのできない存在になっているのも、故なきことではない。

ところで、トウガラシの辛味はどこからくるのだろう？　この辛味はトウガラシ属だけがつくり出すカプサイシンという辛味成分によるもので、カプサイシンは食品中の辛味物質としてはもっとも辛い化合物として知られている。もちろん、シシトウやパプリカなども、トウガラシの甘味種なので、カプサイシンが含まれている。トウガラシは品種によって辛さがずいぶんと異なるのだが、それは含まれるカプサイシンの量が多いか少ないかによって決まるのである。

辛味の程度をはかる方法の一つに、スコービルが開発したスコービル値がある。これは、トウガラシをアルコールにつけてカプサイシンを抽出し、これを砂糖水で薄めていって、辛味を感じる限界までの希釈率を求める。この方法でカプサイシンの辛味度を測定すると、なんと約二〇〇〇万という大きな値となる。つまり、二〇〇〇万倍にまで薄めていっても辛いと感じるくらい強い辛味というわけだ。

メキシコのユカタン半島が主産地となっているハバネロは、辛いトウガラシとして有名だが、日本の代表的な辛い品種である鷹の爪の三〜七倍ものカプサイシンを含んでいる。そのため、ハバネロの小さいかけら一つでも、口に入れるとかみつかれたような強烈な辛味を感じるのである。

カプサイシンの辛味は、ホットな感覚をもたらすのだが、それは、カプサイシンが熱さによる痛みや化学物質による痛みを伝える感覚神経を刺激するためだ。じつは、これは、熱くて痛いと感じる温度である四三℃以上の熱に反応するカプサイシン受容体ＴＲＰＶ１を刺激されることによる。おもしろいことに口の中で起こるカプサイシンの刺激を、人の脳は「熱い」とか「痛い」とかではなく、「辛い！」と認識するのである。口以外のたとえば頬の皮膚などでは、ひりひり感をもたらす。カプサイシンの他に、胡椒の辛味成分ピペリンやショウガの辛味成分ジンゲロール、ショーガオールもカプサイシン受容体を活性化するが、ワサビなどのツーンとくる辛味成分は、カプサイシン受容体を興奮させることはなく、カプサイシン受容体と同様に痛みを伝えていると考えられているTRPA1という受容体を活性化することがわかっている。

では、カプサイシンは、トウガラシのどの部分でつくられているのだろうか？　辛味の強くないトウガラシの若い果実をかじってみると、果皮の部分は辛くなくても、果実のへたの下にある種《たね》がつく白い部分は辛いと感じることがある。この部分を胎座《たいざ》といい、カプサイシンはこの部分でつくられている。胎座でつくられたカプサイシンが果皮や種に移っていって果実を辛くしているため、胎座の部分がもっとも辛いと考えられる。メキシコで撮影されたテレビ番組を見ていたら、メキシコ人もハバネロの胎座は食べずに残していた。ハバネロの胎座は、メキシコ人にも敬遠されるほど辛いのだろう。

カプサイシン感受性神経とカプサイシン受容体　トウガラシが舌に触れると、舌の感覚神経上にあるカプサイシン受容体を刺激する。受容体は、体の外からの刺激を細胞に伝える構造で、受容体が受け取った感覚は、感覚神経によって脳へと伝えられる。

＊——トウガラシは胃にも体にもやさしい機能性食品？

辛いトウガラシを食べると、人によって程度の差はあるが、額や頬、首のあたりに汗が噴き出してくることが知られている。口のなかで「辛い！」と感じることによって発汗が引き起こされるのである。これは、繰り返しになるが、口のなかで熱さを認識する受容体をカプサイシンが刺激するため、体が熱いと勘違いして発汗を起こしているのかもしれない。

汗をかくと、その汗が蒸発するときに体の熱を奪うので、体表面の温度は下がり、それによってさわやかに感じられる。発汗は、暑さから身を守るための、体温調節機能だが、熱帯の地域でトウガラシが好まれる理由の一つに、この発汗作用があると考えられる。

口のなかでのもう一つの作用として、塩分に対する感受性を高めることがネズミでの実験で見つかっている。つまり、トウガラシを食べていると、少なめの塩でも満足できるようになり、ひいては減塩効果につながるのである。残念ながら、人間での効果は明らかではないが、同じようにカプサイシンが効いている可能性はあるかもしれない。

カプサイシンのもう一つの効果に、胃粘膜の保護がある。カプサイシンは強烈な刺激物質なので、胃によくないと考えられるかもしれない。ところがさにあらず。食品にスパイスとして少量を用いたカプサイシンは、胃粘膜を保護する作用をもっていることが、ハンガリーの研究者によって示されている。胃には、カプサイシンに反応する神経があり、低濃度のカプサイシンによってこの神経が活発になると、胃粘膜付近の血流がさかんになり、それによって粘膜が保護されるのだという。ただし、トウガラシだけを大量に食べると、一時的にこの神経が麻痺《まひ》して働かなくなり、そのために潰瘍《かいよう》ができやすくなる。超激辛の食品もあるが、あまりにトウガラシの量が多いと、胃粘膜を損ないかねない。なにごとも過ぎたるは及ばざるが如し、注意が必要だ。

＊――メタボの解消にも、トウガラシ！

胃や腸など消化管の動きにもトウガラシは影響を与える。健常な人や犬で詳しく調べると、胃から小腸へと食べたものが送られるとき、その速度は遅くなり、小腸での通過速度は速まって、トータルではトウガラシを食べないときと変わらないという報告がある。また、犬では、胃にカプサイシンを入れると、結腸反射が亢進《こうしん》される、つまり、胃にトウガラシがくると排便が促されるという報告もある。一方で、健常な人での試験で、四〇〇マイクログラムのカプサイシン（鷹の爪で一二〇ミリグラム）を食べると、胃から小腸への移送が速くなったという、異なる内容も報告されている。この場合は、カプサイシンの刺激により、胃の蠕動《ぜんどう》運動が活発になったのだろう。また、カプサイシンの量が異なると、消化管への作用が変化するのかもしれない。鷹の爪一二〇ミリグラムは、トウガラシの量としてはわずかであるが、それを摂取した際に、胃から小腸への食べものの移送が速まったという報告は、トウガラシが食欲の増進作用を持つといわれていることの理由になるかもしれない。

トウガラシには、エネルギー消費を高める働きもある。一九八〇年代に、京都大学で、普通にトウガラシを食べたときの体への影響が研究された。太りやすいように高脂肪食をラットに与える実験で、タイでの平均摂取レベルに相当するカプサイシンをラットに与えると、驚いたことに、体脂肪の蓄積が抑えられていたのである。

この現象がどのようにして起こるのか五年あまりにわたって研究が行われた。その結果、カプサイシンが副腎からアドレナリンを分泌させる作用があり、アドレナリンによってエネルギー消費が高められているのだろうということが、ネズミ（ラット）での実験でわかった。

人でもトウガラシを食事といっしょに取ると、エネルギー消費を高める作用があることが、カナダのラバル大学と筑波大学との共同研究で見つかっている。また、典型的な欧米型の食事である高脂肪食での効果のほうが大きいことも明らかとなった。どれくらいのトウガラシを食べたらこの作用が起こるのか検討されていないのだが、私たちの予備実験では、一回一グラム程度で、反応の高い人では効果が見られるようだ。

メキシコ並みに、すなわち、鷹の爪で一日一五グラム（一味唐辛子一瓶）のトウガラシを食べたときのエネルギー消費の高まりは、一日のエネルギー消費の数%であり、この値は決して大きくはないが、ラバル大学の研究によると、トウガラシ食を食べた次の食事で、摂取量の減ることが示されている。トウガラシはエネルギー消費を高めるだけでなく、食事量を減らす作用も併せ持つことが見出されていて、これらの複合作用で体を太りにくくするのかもしれない。

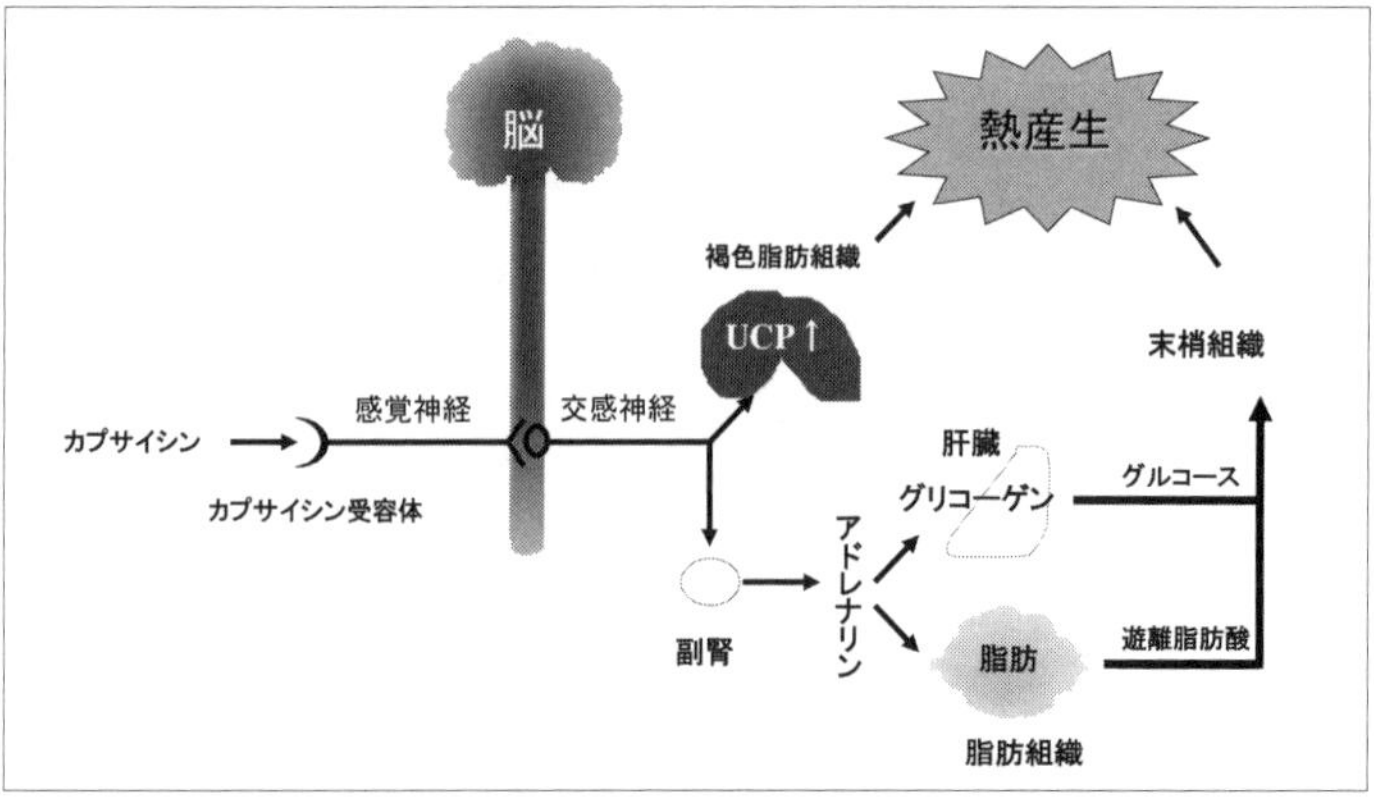

カプサイシンによりエネルギー消費が高まる仕組み

その他、興味深い作用として、育毛効果があるという説がある。育毛にはインスリン様成長因子-1がかかわっているが、カプサイシンによってカプサイシン受容体が刺激され、感覚神経が興奮すると、感覚神経の末端からサブスタンスPやCGRPという物質が放出される。CGRPには、インスリン様成長因子-1を分泌させる作用があるので、カプサイシンによって育毛が促進されるというわけだ。

大豆に含まれるイソフラボンにも同様の作用があり、カプサイシンとイソフラボンを六カ月間毎日摂取してもらったところ、三一人のうち二〇人で育毛効果が認められたと報告されている。

同じ研究グループが、〇・〇一%のカプサイシン入りのクリームを毎日一回一週間塗り続けたところ、肌の弾力性も若干高まったという論文を出している。

その他、カプサイシンを取ると、血行がよくなり、エネルギー代謝が高まるため、体がぽかぽかと温まってくる。また、カプサイシンには、老化の原因となる細胞の酸化作用を防ぐ化合物が含まれていることもわかっている。運動不足や高脂質の食品を取ることで、脂肪の付きやすい体質になりがちな現代人にとって、まさにトウガラシは若さを保ち、健康に生活するための必須アイテムといえるのではないだろうか。

*——痛みで痛みを取る、トウガラシの薬理作用

トウガラシの辛味成分カプサイシンは、熱さによる痛みや化学物質による痛みを伝える感覚神経を刺激することは前に述べた。トウガラシが皮膚に触れたり、目に入るとひりひりするのはこの感覚神経刺激のため。針で皮膚を刺したときなどの機械刺激による痛みは、「痛いっ」と速やかに脳に情報が伝えられるが、トウガラシ

や熱によるものは伝達速度の遅い鈍い痛みといえる。カプサイシンや四三℃以上の熱は、まずカプサイシン受容体を活性化させ、次いで感覚神経の興奮が起こる。さらに、P物質（サブスタンスP、SP）やカルシトニン遺伝子関連ペプチド（CGRP）などの神経伝達物質が、感覚神経の末端から分泌され、次の神経に興奮が引き継がれていく。

カプサイシンに反応する神経を、カプサイシン感受性神経という。

カプサイシンによって感覚神経を何度も繰り返し刺激すると、おもしろいことに、神経伝達物質が一時的に出なくなって、感覚神経が反応しなくなる。つまり、カプサイシン刺激が続くと、カプサイシンで刺激しても痛くなくなるのだ。このことが鎮痛に利用されていて、米国などでカプサイシン入りクリームなどがつくられ、対面販売されている。これを塗ると、初めは相当痛いのだが、何度か塗っていると、それまで取れなかった背中や関節の慢性痛が取れることがあるといわれている。北欧では、症状の重い花粉症の人の鼻粘膜にカプサイシンを塗布する治療が行われている。これも感覚神経を麻痺させる治療法の一つといえるだろう。

さらに、痛み研究への利用として、生後二日目のラットやマウスに大量のカプサイシンを投与すると、カプサイシン感受性神経が一生涯、働かなくなることが知られており、この現象と、成体にカプサイシンを数回投与する方法の二つが、痛みの研究に用いられている。この方法を用いると、ある薬品などへの生体応答にカプサイシン感受性神経がかかわっているかどうかを知ることができるのである。

カプサイシンによる感覚神経の損傷という興味深い現象は、ハンガリーの生理学者、ヤンチョーらによって見出された。ハンガリーは、パプリカの特産地だ。パプリカは、辛味の弱いトウガラシだが、カプサイシンを含むため、カプサイシンの研究がハンガリーで盛んに行われるようになったのだろう。

同じくハンガリー出身のノーベル賞学者セント=ジェルジは、パプリカにビタミンCが多く含まれることに気づき、そして、パプリカから大量のビタミンCを抽出して用いることで、後のノーベル賞につながる研究を行ったのである。

また、カプサイシンは、ものを飲み込む嚥下《えんげ》反射の正常化にも役立っている。

ものを飲み込む嚥下は、複雑な一連の反応からなる動作で、嚥下が損なわれると、食べものが気管支などにあやまって入る誤嚥《ごえん》を起こしやすくなる。高齢者の死因には、がん、心疾患、脳血管疾患についで肺炎が挙げられるが、なかでも誤嚥性肺炎は大きな割合を占めている。嚥下障害の人に、カプサイシンの溶液を飲んでもらうと、水では一〇秒近くかかった嚥下反射が、カプサイシンの濃度を高くするとともに時間が短くなり（正常化し）、カプサイシンを三マイクログラム取った場合、正常な人と同程度になることが東北大学医学部のグループにより示されている。同じグループが、カプサイシン一・五マイクログラムを含有するトローチを開発し、これでも嚥下反射の改善に有効であることが報告されている。

＊――トウガラシ界の救世主？　辛くないトウガラシ

さて、ここまでトウガラシのすぐれた健康上への効果を述べてきた。しかし、トウガラシの最大の魅力は辛味にある、と冒頭に書いたのだが、辛いのが苦手という人も、もちろんいるだろう。この点もご心配なく。京都大学の矢澤進名誉教授のグループが、辛くないのにカプサイシンとよく似た物質を大量につくるトウガラシを育種したのである。

　一九八〇年代のこと、矢澤教授はタイ産のたいへん辛いトウガラシの果実のなかに、ときどき辛味のないものが混じっていることに気づき、その果実から取り出した種《たね》からトウガラシを育て、さらに辛味のない果実を選んでは育てる、という選抜育種という方法を何年も繰り返し、それによって、辛味のないトウガラシ品種をつくり出すことに成功したのである。

　その後、同大学の伏木《ふしき》教授の研究によって、このトウガラシの成分が、もとの辛味種のトウガラシの成分とほぼ変わらない働きがあることが確かめられている。

　この成分は、カプサイシンと構造が非常に似ていて、分子の中央部の一つの原子が異なるだけであった。化学構造のちがいからカプシエイトと名付けられたこの化合物は、カプサイシン受容体をカプサイシンと同じ程度に活性化するのである。すなわち、辛味は非常に弱いものの、カプサイシンと同様な生理作用を示すと考えられる。

　実際、動物や人で、カプサイシンと同様にエネルギー消費を高めること、脂肪の蓄積を抑えることが確かめられた。ただし、人の場合は、効果の出やすさに個人差があるようだ。また、カプシエイトとカプサイシンは作用がまったく同じというわけではなく、カプシエイトでは発汗作用はほとんど認めらない。さらに、指先などへの影響も異なるようだが、これについては今後の研究を待たなければならないだろう。

　カプシエイト以外にも、辛くなくてカプサイシンと同じように効く可能性のある化

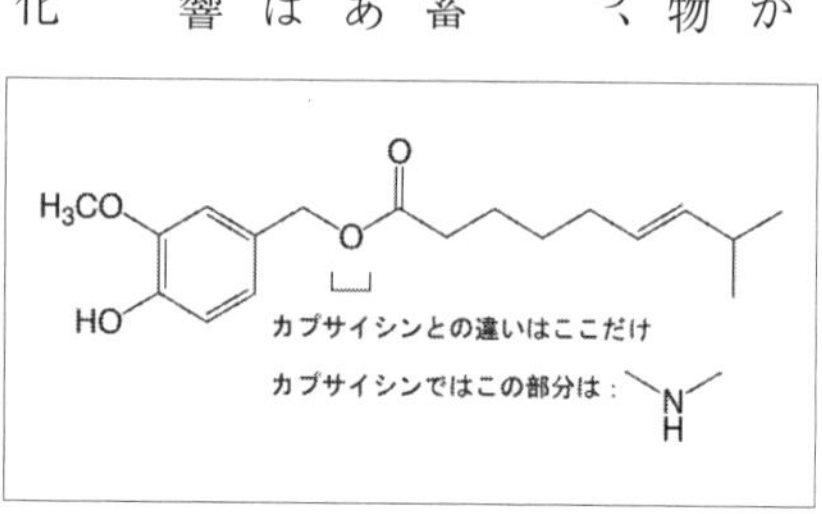

カプシエイトの化学構造式

合物がいくつか見つかっていて、たとえば、食品用の乳化剤としてよく用いられているモノグリセリドに弱いながらもカプサイシン様の作用が確認されている。

＊――トウガラシの栄養成分

トウガラシの辛味成分カプサイシンについて、いろいろと述べてきたが、トウガラシは他にどのような栄養素を含むのだろうか。

トウガラシの魅力の一つに、鮮やかな赤い色がある。これは、カプサンチンやカプソルビンという赤い色の成分によるものである。これらの色素はトウガラシに特有のもので、カロテンの仲間（カロテノイド）である。これらの色素には、強い抗酸化作用があり、大量に動物に与えると実験的につくり出した皮膚がんなどを抑制する効果が知られている。熟すと黄色や橙色になるトウガラシもあるが、これらの色もカロテノイド色素であるα-カロテン、β-カロテン、ゼアキサンチン、ルテイン、β-クリプトキサンチンによるもので、いずれの化合物も強い抗酸化作用を示す。

トウガラシにはビタミンEも多く含まれているが、その含有量は、植物油や小麦胚芽、アーモンドと比べて、乾燥トウガラシでは同程度、生トウガラシで三分の一ほどと、高い割合で含まれることがわかっている。

また、食物繊維の含有量が多いのもトウガラシの特徴である。不溶性繊維は、生トウガラシで重量の数%、乾燥トウガラシでは半分ほどを占める。ただし、多くの日本人の場合、トウガラシは一回の摂取量が多くないので、一日に必要な食物繊維の量に対する寄与は小さいと考えたほうがよい。

トウガラシの葉は、日本では一部の地域で、葉トウガラシとして利用されているが、それ以外にはあまり利用されていない。しかし、ビタミンKやビタミンE、ビタミンCやビタミンA、カルシウムやカリウム、鉄などを比較的多く含有していて、栄養価の高い食品と考えられる。

このように、トウガラシは、辛味成分のカプサイシンの作用を中心に、さまざまな働きを有していることは、おわかりいただけたと思う。トウガラシをスパイスとして用いることで食品の味に豊かな変化をもたらすだけでなく、生体への作用が多岐にわたることが、トウガラシが人びとに愛されている理由かもしれない。

【参考文献】

渡辺達夫、素敵なトウガラシ生活、柏書房、二〇〇五年
岩井和夫、渡辺達夫編、トウガラシ辛味の科学、改訂増補版、幸書房、二〇〇八年

怖くて美味しい香辛料——まとめにかえて

山本紀夫

＊——怖いトウガラシ

トウガラシに私は苦い想い出がある。苦い、というより痛い、あるいは苦しいといったほうがよいかもしれない。トウガラシを食べ過ぎて胃痙攣《いけいれん》を起こし、七転八倒の苦しみを味わったのである。いまから四〇年も前の一九六八年、ボリビアの事実上の首都であるラパスでのことであった。当時、私は京都大学探検部が派遣したアンデス栽培植物調査隊の一員として、初めて海外での調査に参加していた。見るもの聞くもの、すべてが珍しく、それだけに「何でも見てやろう、何でも食べてやろう」と思っていた。調査の基地となったラパスに滞在中も、レストランでさまざまな食べ物に挑戦していた。が、なかなか手の出ないものがあった。それが、現地の人たちが「ハラパ・ワイカ」と呼ぶものであった。

ハラパ・ワイカは、ラパスに多い先住民のアイマラの人たちの言葉で、ペッパーソースのことである。生のトウガラシや岩塩、そして香料などをいっしょに潰したもので、レストランのテーブルには小皿に入れて必ずおいてある。ただし、このソースのもとになるトウガラシはアンデス特産の辛いロコトであり、ときにロコト

ロコトの祖先野生種とみなされているウルピカを売るアイマラ女性。女性の手前にある山椒のような実がウルピカ。（ボリビア・ラパス）

の祖先種といわれる野生のウルピカ（*C. eximium*）も使われる。ウルピカはラパスの市場などで見られるが、小指の先よりも小さく、緑色の果実で、ちょっと見たところ山椒かと思えるようなものだ。そして、このウルピカは少し食べただけで飛び上がるほど辛いとされるのである。こんな話を聞いていただけに、怖くてハラパ・ワイカだけには手がなかなか伸びなかったのだ。しかし、ボリビアの料理はバライエティが乏しく単調であった。そのため、日がたつうちに私はどの料理を見ても食欲が起こらなくなった。そんなとき、興味半分で、恐る恐るハラパ・ワイカを肉につけて食べてみたところ、これが予想に反してなかなか美味しかったのだ。それまで、七味唐辛子しか食べたことのない私にとって、トウガラシは辛味だけでしかなかったが、ハラパ・ワイカは少し甘みがあり、しかも味もよかったのである。

こうして、私はハラパ・ワイカに病みつきになった。最初のうちこそ、肉料理にほんの少量だけ使っていたが、やがて野菜にもご飯にもふりかけて食べるようになった。さらに、朝食のときなど、トーストにもバターのようにハラパ・ワイカをべったりぬって食べるようになった。しかし、それはあまり長くは続かなかった。胃が反乱を起こしたのである。

ある日の早朝のこと、突然の腹痛で目を覚ました。胃が刺しこまれるように痛い。起き上がろうとすると、激痛でとても体を伸ばすどころではない。ひたすら体を丸めて、痛みが去ってくれるのを待つ。結局、この日は一日中、ベッドで痛みに耐えながら過ごすことになった。最初は食当たりかと思ったが、トウガラシのせいであった。

ふりかえってみると、当時の私はトウガラシの中毒になっていたようだ。これは、後年アマール・ナージ著による『トウガラシの文化誌』を読んでわかったことだ。同誌の一節に次のようなくだりがある。

世のなかには、トウガラシを好んで食べる人たちがいる。そんな人たちのことを、ここではトウガラシマニアと呼んでおくことにしよう。（中略）マニアは、トウガラシ中毒になっているのだ。その中毒の程度は、控え目に見ても、よく知られているカフェイン中毒やニコチン中毒に匹敵する。あるいは、アルコール中毒、さらにはドラッグの中毒に似ているといっても、過言ではないだろう。（ナージ一九九七：二七七―二七八）

これを読んで、なるほどと私は納得したが、同書ではトウガラシを食べ過ぎるとどうなるのかについては一切述べていない。ひょっとするとトウガラシを食べ過ぎるような馬鹿な人間は私くらいしかいないのであろうか。そのせいで、誰も気にとめないのであろうか。と、思っていたところ、その疑問が本書の渡辺達夫氏の報告を読んでわかった。同氏によれば、「トウガラシを大量に食べると、（中略）潰瘍ができやすくなる。超激辛の食品もあるが、あまりにトウガラシの量が多いと、胃粘膜を損ないかねない」のだそうだ。トウガラシは大量に食べれば、やはり怖い食べ物だったのである。まさに「過ぎたるは及ばざるがごとし」とはこのことであった。

*——魔除けとしてのトウガラシ

トウガラシは「怖い」と思わせるものがあるせいなのか、トウガラシを邪視からまもるための護符にすることがある。邪視とは、神秘的な眼力をもつ人物に凝視されると、病気になったり、死にいたるなどの不幸が生じると考える信仰のことである。この信仰は世界中で見られ、その対抗策もさまざまである。その一つとしてトウガラシが使われることがあるのだ。本書でもインドに詳しい小磯氏によって、そのような例が報告されている。氏によれば、西インドのマハーラーシュトラ地方では、ライム数本とビンバと呼ばれる渋い木の実、そして青トウガラシをくくったお守りが邪視防ぎのためのもっとも一般的な護符として知られ、いたるところで見かけられるそうだ。トウガラシは、辛いので悪いものを寄せ付けないと信じられているからである。

また、本書の池上氏の報告によれば、かつてはイタリアの一部地方でも「邪視防ぎのために、蹄鉄といっしょに数珠つなぎにしたトウガラシ、あるいは角状の二本のトウガラシを、家のドアの後ろに置いておく習慣があった」とされる。

さらに、鄭氏によれば、韓国でも冠婚葬祭のときにはトウガラシが避けられるそうだ。その背景には、トウガラシの赤い色が「鬼神」(亡くなった人)を寄せ付けない、いわゆる「厄除け」の思想があるからだとされる。日本でも山本宗立氏によれば、妊娠中にトウガラシを食べると「流産する、鼻の赤い子が生まれる」(群馬県)

や「頭の毛が薄くなる」(石川県)などの理由で禁忌食とされるそうだ。

トウガラシが魔除けにされる例は、私も見たことがある。青森県の十和田湖地方のことだ。数年前、たまたま訪ねた民家の玄関に、戸の両側に縄でゆわえた一〇個ほどの赤いトウガラシが正月の松飾りのように吊るされていた。同行していた青森県の民俗に詳しい桜庭俊美氏(小川湖民俗博物館元館長)が、「南蛮です。青森では魔除けにします。南蛮といっしょにニンニクも吊るすことがあります」と説明してくれた。それまで私はトウガラシが南蛮と呼ばれることも、それが魔除けに使われることも知らなかった。

では、なぜ青森ではトウガラシやニンニクが魔除けに使われているのであろうか。この理由は明らかにできなかったが、おそらくトウガラシはその強烈な辛さ、ニンニクはあの臭いが魔物を寄せ付けないと考えられているのだろう。実際、日本人はトウガラシもニンニクもあまり好まない民族として知られている。これは韓国と比べてみれば明らかであろう。キムチに象徴されるように、トウガラシは今や韓国の食生活に欠かせないものになっている。ニンニクもそうだ。そのせいか、鄭氏の報告によれば、男性社会の韓国にあってトウガラシは男子のシンボルとみなされるそうだ。とりわけ、一家に男の子が生まれると、それを知らしめるために縄に赤いトウガラシなどをゆわえて門の前や軒下に

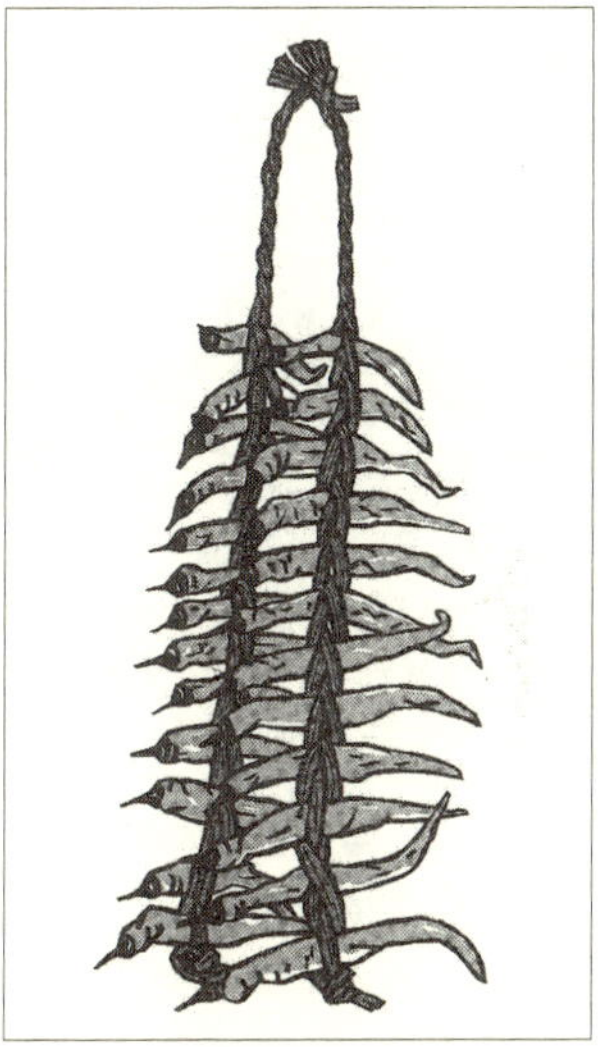

青森県十和田湖地方で魔除けとして使われるトウガラシ(田主誠氏提供の版画による)。

吊るし、「わが家に男の子が生まれた」ことを誇らしげに示したという。この報告はどこかユーモラスであるが、それは先の細く尖ったトウガラシの形が幼い男の子のシンボルに似ているせいかもしれない。なお、この場合も赤い色は厄除けを意味したとされる。

この韓国の例に示されているように、トウガラシが重要な食べ物とされているところでは、大切なものの象徴になっている。その例をアンデスでも見ることができる。

農耕の神様であるパチャママに捧げられたトウガラシ・塩・酒。そのまわりは，チューニョづくりのために野天に放置されたジャガイモ（ボリビア・ラパス近郊のビアチャ村）。

それを知ったのは、いまから三〇年以上も前の一九七四年六月のこと、場所は先述したラパスの郊外にあるビアチャという村である。ラパスは中心の標高が三八〇〇メートルもある山岳都市として有名だが、ビアチャも標高四〇〇〇メートル近い高地にある。ここで、村びとたちがチューニョと呼ばれる乾燥ジャガイモを加工しているときに、面白いものを見つけた。野天に広げられたジャガイモのちょうど中央に、酒を入れた甕《びん》、塩、そして乾燥したトウガラシが置かれていたのである。村びとに聞くと、これらはチューニョ加工の無事を祈って農耕の神様であるパチャママに捧げるものだという。

チューニョはアンデス高地に住む人びとにとってきわめて重要な貯蔵食品であり、その加工には細心の注意が払われる。それでも加工の途中で雨が降ったりして、失敗することがあるので、彼らにとって農耕の神であり、大地の神でもあるパチャママに大切なものを捧げて加工の無事を祈るのである。

アンデスではトウガラシがインカ時代もきわめて重要であったことは、第1部で紹介したインカ・ガルシラーソの記録でもうかがえる。また、インカ帝国がアンデスで栄えていた頃、現メキシコではアステカ帝国が繁栄していたが、そこでもトウガラシはきわめて大切な作物であった。そのことを物語るように、アステカ帝国ではトウガラシがアステカの都であるテノティトランへの重要な貢納品の一つになっていたのである。それは、次ページに掲げたような、古絵文書に残された記録からもわかる。

＊――薬としてのトウガラシ

トウガラシは薬としても使われる。そのイタリアでの例が池上氏によって紹介されている。同氏によれば、「イタリアでは、トウガラシは健康増進・病気治癒の効果がある医薬」ともみなされてきたとされる。その結果、「トウガラシ好きは医者いらず」「トウガラシは万病を癒す」という言い伝え・諺が各地にあるのだそうだ。

医学や薬学の発達したアラブ・イスラム世界でも、堀内氏によれば新参のトウガラシの薬効が究明され、外薬として神経痛やリウマチの局部への刺激剤、発赤薬として効き目があるとされた。また、うがい薬や内服薬として用いても、さまざまな病気に効果があるとして利用されたのだそうだ。

また、日本でもトウガラシは民間薬として利用されてきた。本書の山本宗立氏の調査によれば、北海道、大阪、佐賀、鹿児島、沖縄などの各地で、食欲不振、腹痛、下痢、頭痛、歯痛、肩こり他、さまざまな症例に使われてきた。このような例から判断すると、世界を見渡せばトウガラシを薬として使う地域は他にもあるかもしれない、と思っていたら、原産地のメキシコでも古くから医薬品として使われてきたことを、最近になって

歯痛をトウガラシで治療する子ども。地面にも転がっているトウガラシが見える。（フロレンティンの古絵文書による）

古絵文書に描かれた「貢納表」のトウガラシ。俵のようなものに入れられ，その上に目印としてトウガラシがおかれている。（メンドーサの古絵文書による）

知った。上の左の図をご覧いただきたい。これはメキシコがスペイン人によって征服された頃に書き残されたコデックス（古絵文書）のなかの一枚であるが、そこに描かれているのは歯痛をトウガラシで治療する子どもの姿である。口にしているものの他にも、地面に転がっているトウガラシがあるところを見ると、一個だけでは歯痛をおさえるのに十分ではなかったのかもしれない。また、メキシコで刊行された『トウガラシと文化：トウガラシの歴史』（Long-Solís 1986）によれば、メキシコでは歯痛の他にも、結核、消化器疾患、下痢、便秘、出産、打ち身、めまい、痔疾など、さまざまな用法で使われていたとされる。もちろん、こうした利用のなかには迷信によるものもあるかもしれない。

しかし、近年、トウガラシにはさまざまな薬効があることが明らかになってきている。先に紹介した『トウガラシ　辛味の科学』にはトウガラシの医薬効果についての報告がいくつも紹介されている。なかでも、注目すべき薬効は、トウガラシには発がん性物質の作用を抑制する成分が含まれていることだ。そのため、トウガラシに含まれる物質が発がん性物質や変異性物質に対して化学予防効果を示すことがかなり注目を浴びているそうだ（柳・倉田二〇〇〇：二〇一）。

では、メキシコで民間治療として歯痛にトウガラシを利用する方法は科学的にみてどうなのだろうか。じつは、この方法も一概に迷信とはかたづけられない。同書によれば、トウガラシの辛味成分であるカプサイシンを投与すると鎮痛作用を示すことが知られており、そのため「カプサイシンを新しいタイプの鎮痛剤として用いようとする動き」もあるそうだ（渡辺・岩井二〇〇〇：二〇九―二一〇）。

ちなみに、カプサイシンは微量であれば、胃潰瘍に対する保護効果を示すことが知られているが、胃への大量投与では胃潰瘍や十二指腸潰瘍の発症が増大するそうだ。実際に、「ウサギの食餌にトウガラシ（五グラム／キログラム体重／日）をまぜて一二カ月与えたところ、すべての動物に胃潰瘍が認められた」という怖い報告もある（渡辺・岩井二〇〇〇：二一七）。

＊――美味しいトウガラシ

確かに、カプサイシン含量の多いアンデス特産のロコトを食べるとき、現地の人たちも注意している。生のままロコトを食べるときは、果肉の部分だけをナイフなどを使って切り取り、その果肉だけを食べる。種《たね》のついている芯の部分は決して食べない。また、ロコトを材料にしたロコト・レジェーノという料理をつくるときも辛味には注意している。ロコト・レジェーノは、日本でも見られるピーマンの肉詰めのような料理だが、ピ

芯の部分を切り離し，果皮と果肉だけを残して水につけたロコト。少しでも辛味をおさえる工夫らしい。（ペルー・クスコ）

ーマンとちがって、ロコトはかなり辛い。そこで、ロコト・レジェーノをつくるときは種のついている芯の部分を切り離し、果皮と果肉の部分のみを残す。トウガラシの辛味の大半は種のついている胎座《たいざ》と呼ばれる部分に集中しているからだ。この果皮と果肉を水にしばらくつけたあと、果実のなかに肉などを詰めたうえで衣をつけて油で揚げる。これがロコト・レジェーノと呼ばれるアンデス独特の料理である。

ところで、調理の前にロコトを水につけておくのは何故なのだろう。というのも、カプサイシンは水にほとんど溶けないとされているからだ。現地の人たちによれば、調理の前にロコトを水につけておかないとロコト・レジェーノが辛くなるといわれているので、さほど効果がなくても少しでも辛さをおさえようという懸命の工夫なのかもしれない。実際、ときに飛び上がるほど辛いロコト・レジェーノに出会うことがあるが、あれは胎座がきちんと取られていないか、あるいは水につけるプロセスを省いたものだったのかもしれない。

もう一つトウガラシの辛味を緩和する方法を紹介しておこう。アンデス山麓にあるペルーの首都リマの例である。ここにはペルー料理を代表するといわれるセビーチェがある。これは、白身魚やタコ、エビ、貝類などを角切りにし、タマネギや香菜などといっしょにライムの絞り汁や塩でしめたものだが、これには生のトウガラシと蒸したサツマイモが欠かせない。このトウガラシは普通アヒ・アマリージョという黄色の細長く、かなり辛いもので、それを細かく切ったものが入っている。そのため、セビーチェを食べると辛さで身をよじりたくなるときがあるが、このとき蒸したサツマイモが助け舟を出してくれる。サツマイモを口に入れれば、その甘さがトウガラシの辛さを緩和してくれるからだ。

ブータンでも、トウガラシの辛味を緩和するために調理には工夫をこらしているようだ。本書でブータンのトウガラシ利用を報告している上田氏によれば、「辛味の抜き方は、実にさまざまである」。それでも、トイレで用を足すときにつらくなることがあるらしい。

ただし、辛味をおさえる工夫をしているからといって、みんなトウガラシの辛味を嫌っているわけではない。あまりにも辛いと、トウガラシの味や香りなどが感じられないのだ。これはトウガラシといえば辛味しか考えない日本人にはいささか理解しがたいかもしれない。私自身がそうであった。しかし、アンデス高地で先住民の人たちと長く暮らしているうちに、トウガラシは美味しい、とりわけアンデス特産のロコトはとても美味しいことを知った。つまり、トウガラシは主食を引き立てる脇役にとどまらず、トウガラシそのものの味覚もまた味わい深いものがあるのだ。

＊――トウガラシの文化地理学

世界を見渡せば、トウガラシをさかんに利用する地域がある一方で、ほとんど使わない地域もある。先に紹介した『トウガラシの文化誌』で著者はこの点についても言及し、次のように述べている。

世界的に共通するある顕著な傾向に気がつく。それは、料理に使われるトウガラシの量が地理的条件によって大きく異なることだ。つまり、南に住む人は北に住む人よりも辛い食事を好むのである。この法則は大陸や国の単位にもあてはまる。（中略）ただし、ペルーは例外である（ナージ一九九七：二六二―二七）。

これは面白い指摘であるが、少々誤解もあるようだ。「ペルーは例外である」と述べているが、これは彼が北半球を中心に考えているからであり、ペルーが南半球にあることを考慮に入れると、緯度の低い地方ほどトウガラシをよく利用するといえばよい。いいかえれば、暑い地方ほどトウガラシをよく利用し、寒い地方ではあまりトウガラシを利用しないといえそうだ。

これは、トウガラシの故郷がアメリカ大陸のなかでも赤道に近い熱帯低地であることからも理解できるだろう。というのも、トウガラシはもともと暑い気候に適した作物であり、寒冷地ではうまく育たないからである。さらに、暑くて湿度の高い熱帯低地の気候のなかで、トウガラシは食欲を増進させることも大きな要因だろう。その証拠に、現在もアメリカ大陸のなかでトウガラシをさかんに利用しているのは、赤道をはさんでほぼ二〇度以下の低緯度地帯である。同じアメリカ大陸でも、北米や南米南部のアルゼンチンやチリなどの高緯度地方ではトウガラシの利用はさほどさかんではない。

この傾向は、アフリカでも同様だ。アフリカでは全土でトウガラシ利用がさかんなように思われているが、そうではない。アフリカでもトウガラシをさかんに利用するのは低緯度地帯なのである。実際、本書の堀内氏の報告によれば、「北アフリカ地域でトウガラシ生産も消費も多いのはチュニジア、エチオピア、それにスーダンである」と述べられているが、エチオピアもスーダンも赤道近くに位置する。チュニジアはやや緯度の高い地域に位置しているが、これは地中海に面していることが関係しているかもしれない。地中海をはさんで目と鼻の先にあるイタリアのカラブリア地方でもトウガラシ利用はきわめてさかんだからである（本書の池上氏の報告を参照）。一方、アフリカに詳しく本書の執筆者のひとりでもある重田眞義京都大学教授によれば、赤道近くに位置するエチオピアではトウガラシをさかんに利用するものの、ケニア、タンザニア、ウガンダの東アフリカ諸国では食事のアクセントとして用いるだけで日常的にはさほど多用されているとはいえないそうだ。また、コンゴやルワンダなどの中部アフリカでのトウガラシ利用は、東アフリカよりもさらに低調であり、南部アフリカのジンバブエでのトウガラシ利用はさらに低調で、エチオピアに比べればないに等しいほどだとされる（以上　同教授による私信）。

このように、アフリカでも緯度が低い地域ほどトウガラシをさかんに利用し、緯度の高い地方ではトウガラシ利用は低調なのである。ただし、先述した「暑い地方ほどトウガラシをさかんに利用する」という傾向はエチオピアにはあてはまらない。エチオピアは低緯度地帯に位置していて暑い地方もあるが、大部分の地域は標高二〇〇〇メートルあまりの高地なので、そこでの気候は暑いというよりも、むしろ冷涼といったほうがよいが、そこでもトウガラシ利用はさかんなのである。

これは、「トウガラシ以前」の食文化と大きな関係がありそうだ。第1部でも述べたように、アフリカではトウガラシが導入される以前から胡椒やメレゲタペッパーなどの香辛料が普及しており、辛い料理に馴染みがあった。とりわけ、重田氏が報告しているように、エチオピアではショウガ、胡椒、さらにエチオピア在来の香辛料であるサナフィッチ（エチオピア・カラシ）が古くから使われていた。そのため、トウガラシを容易に受け容れたと考えられるのである。

これと似たようなケースが韓国と日本である。トウガラシは、韓国よりも先に日本に導入されたと考えられるが、日本でのトウガラシ利用はさほどさかんにはならなかった。一方、おおむね日本より北に位置する韓国では日本とは対照的にトウガラシ利用がさかんになった。これも「トウガラシ以前」の食文化が両国で大きく異なっていたからであろう。つまり、日本ではトウガラシが導入された江戸時代、肉食が禁じられていたので、トウガラシはうどんの薬味くらいしか用途がなかった。一方、韓国では肉食がさかんであり、これには胡椒が使われていた。この胡椒は肉料理に欠かせないものであったが、熱帯の作物なので、韓国では栽培できず、もっぱら日本との交易で手に入れていた。日本はオランダとの交易で胡椒を手に入れていたが、肉食を禁じていたので胡椒の使い道はあまりなく、ほとんどが朝鮮半島に渡っていたのだ。ところが、豊臣秀吉の朝鮮出兵のあと、日本との交易が中断したため胡椒を入手するのが困難になる。こうして朝鮮半島でも栽培できるトウガラシが、胡椒にとってかわりキムチなどにさかんに使われるようになったと考えられるのである。

つまり、トウガラシ利用の地理的な範囲は、「低緯度地方ほどさかんであり、高緯度地方では低調である」という傾向はあるものの、それに加えて「トウガラシ以前」の食文化のありようもまた大きな影響を与えているのである。

第1部で述べたようにトウガラシの利用は、コロンブスの新大陸「発見」まで、ほとんど中南米地域に限られていた。その後、トウガラシは急速に世界中に広がり、ヨーロッパ、アフリカ、アジアなどでも広く利用されるようになったが、いまなお世界にはトウガラシをほとんど利用しない地域もある。

＊——さらに広がるトウガラシ利用圏

それを自分の目で確認したのは、友人とともに数年前に初めてモンゴルを訪れたときのことであった。モンゴルは、よく知られているように、ほとんどが遊牧の世界である。遊牧民は羊などの家畜を数多く飼い、ゲルと呼ばれる移動式の家屋（簡単にいえばテント）で暮らしている。そのゲルの一つに泊めてもらったとき、たいへん驚いたことがある。そこでは、歓迎の気持ちを示してくれたのか羊を殺し、その肉をふるまってくれた。が、それは塩で味をつけただけで、香辛料が一切使われていなかった。それまで、中南米で過ごすことが多く、肉料理といえば香辛料、とくにトウガラシが欠かせないと思っていたが、そんな常識はモンゴルでは通用しなかったのだ。とにかく、香辛料に慣れ親しんだ私にはトウガラシなしの肉料理は、なかなか喉を通らず、いつまでたっても皿の上にもられた肉は減らなかった。それは、友人も同じであったようだ。「これでは、ご馳走をしてくれた家の主人に申し訳ない、どうしようか」と考えていたとき、その友人が有り難いものを取り出してくれた。日本からモンゴルへ向かうとき、途中で立ち寄ったソウルの空港で買ってきたキムチだ。そして、このキムチといっしょに食べると、あっというまに皿の上の肉はなくなったのである。

それにしても、モンゴルでは肉料理が中心であるにもかかわらず、なぜ香辛料を使わないのであろうか。モンゴルにも香辛料がないわけではない。揚氏によれば、モンゴルでは野生のネギやニラなどの他、いくつもの野生植物を香辛料的に利用しているとされる（揚　一九九六：五六―六五）。しかし、その香辛料は、私たちが考えるものとは、いささかちがう。ほとんど辛くないものばかりなのである。モンゴルでトウガラシが使われない理由の一つは、同地域が高緯度地方にあり、気候が寒冷なせいでトウガラシがほとんど育たないことであろう。モンゴルの首都ウランバートルも北緯四八度の高緯度に位置している。モンゴルでは胡椒も比較的最近までほとんど使われてこなかったが、この胡椒もトウガラシも本来熱帯低地の暑い気候に適した作物である。また、モンゴルが最近まで社会主義体制であったことも関係しているにちがいない。トウガラシも胡椒も国外から輸入しなければならないが、それが困難だったのであろう。

ところが、このモンゴルで今、大きな変化が生じている。今世紀に入って、都市部ではトウガラシがすっかり入り込んでいるのだ。その背景には、社会主義体制が崩壊し、多くのモンゴル人が韓国に出稼ぎに行ったという事情がある。人口わずか二六〇万人のモンゴルで、韓国への出稼ぎ労働者は一〇万人にのぼると推定されている。そして、彼らは出稼ぎ先で焼肉とキムチに慣れ親しみ、その食文化をモンゴルに伝えたのだ（小長谷二〇〇九：一八）。

一方、これとは少しちがったかたちで北米でもトウガラシ利用が近年になってさかんになっている。これまで何度も述べてきたように、アメリカ大陸でトウガラシ利用がさかんな地域は中南米であり、北米はあまりトウガラシを使わない地域として知られてきた。それが、近年ヒスパニック系の移民が増えるにつれてトウガラシの利用が急増しているのだ。このヒスパニック系の移民のほとんどは、メキシコをはじめとする中南米の人たちであり、トウガラシ利用に慣れ親しんだ彼らが移住するとき、故郷の味覚も持ち込み、その影響が周辺にもおよんだのである。たとえば、大リーグの野球のスタジアムで観客の多くが食べているナチョスもメキシコ由来の食べ物であり、それにつけるペッパーソースのサルサもやはりメキシコ由来のものなのだ。こうしてみると、これまでトウガラシ利用の空白地帯であった地域でも、やがてトウガラシが導入される可能性がある。モンゴルや北米の例はその可能性が大きいことを雄弁に物語っているようだ。

【参考文献】

岩井和夫・渡辺達夫編『トウガラシ　辛味の科学』幸書房、二〇〇〇年

小長谷有紀「モンゴルの変わる食、変わらない食」『vesta』七四号：一七 - 二〇、二〇〇九年

ナージ、アマール『トウガラシの文化誌』林真理・奥田祐子・山本紀夫訳　晶文社、一九九七年

楊梨娜・倉田忠男「カプサイシンの免疫応答に与える影響」岩井和夫・渡辺達夫編『トウガラシ　辛味の科学』一九三 - 二〇四、幸書房、二〇〇〇年

揚　海英「モンゴル社会における野生植物の香辛料的利用——中国内蒙古自治区の事例から」『食品工業』三九巻一六号：五六 - 六五、一九九六年

渡辺達夫・岩井和夫「カプサイシンの鎮痛作用」岩井和夫・渡辺達夫編『トウガラシ　辛味の科学』二〇八 - 二一六、幸書房、二〇〇〇年

渡辺達夫・岩井和夫「カプサイシンの消化管への影響」岩井和夫・渡辺達夫編『トウガラシ　辛味の科学』二一七 - 二三一、幸書房、二〇〇〇年

Long-Solís J. *Capsicum y Cultura. La Historia del Chilli.* Fond del Cultura Económica, México. 1986

あとがき

トウガラシは、食文化のなかでは主役ではなく、いつも脇役でしかない。主食になりえず、栽培面積も小さいマイナーな作物だからであろう。そのため、イネやムギ、トウモロコシ、ジャガイモなど、主食に関する本は少なくないのに、トウガラシに関する本はほとんどない。

しかし、本書はトウガラシこそが主役であり、トウガラシの歴史や利用、魅力を詳しく述べたものである。おそらく、これほど世界各地のトウガラシについて詳しく書かれた本は、日本ではもちろん、世界でも初めてだろう。それでは、トウガラシは本書で主役を十分に果たしてくれたのであろうか。トウガラシを主役に抜擢したのは編者の私であり、この点がいささか気がかりであるが、これは読者の方の判断にゆだねたい。

最後に、「なぜ、いまトウガラシなのか」ということについて述べておこう。少し前、日本では激辛ブームといわれる時代があったが、このブームはいつのまにか去った。それでは、トウガラシはあまり利用されなくなったのだろうか。決してそうではない。一時的なブームではなく、いまや日本人の生活に深く浸透している。たとえば、スーパーに行っても、キムチを置いていない店はない。キムチは、たくあんをしのいで日本の漬物のなかで販売一位を占めるようになっているのである。

目を世界に転じれば、トウガラシは日本では考えられないほどさかんに利用されている。トウガラシは、旧大陸では新参の作物であるが、それが信じられないほど、いまでは世界各地で重要な作物になっている。FAO（国際連合食糧農業機構）の統計によれば二〇〇七年度のトウガラシの国別生産量は一位がインド、二位が中国である。そして生産量の上位一〇カ国のうち原産地である中南米の国はペルーとメキシコだけでしかない。このような事実は、日本ではほとんど知られていないであろう。それが、本書をつくる一つのきっかけになった。もう一つの大きな理由は、いささか個人的なことなので恐縮だが、私にとってはこちらの理由こそが本書をつくる最大のきっかけになった。

じつは、トウガラシは私が博士論文の対象として選んだ植物であった。いまから三十数年も前の一九七二年のことだ。アンデスで初めて栽培植物の起源に関する調査を行なったのは一九六八年だが、それ以来何を対象として研究するか模索し、その模索のなかでようやく見つけた対象がトウガラシであった。アンデスやアマゾンなどを歩いているうちに、トウガラシは主食ではないものの、主食を支える重要な役割を果たしていることを知ったからである。しかし、研究の途中で私は大阪に新設された国立民族学博物館に就職、農学から民族学へ転向することになった。そのため、博士論文は何とか提出したが、トウガラシの植物学的な研究は断念せざるをえなくなった。そのせいで、民族学の調査に出かけると、どこに行っても、まず気になるのはトウガラシであった。やがて、世界には原産地の中南米よりも、はるかに大量にトウガラシを利用している地域や民族があることを知った。ネパールでも、ブータンでも、そしてエチオピアでも、中南米の人たちでさえ驚くほど大量に、そして日常的にトウガラシを食べている人びとが少なくなかった。四川の麻婆《マーボー》豆腐やチベットの火鍋などは、中南米の人でも逃げ出したくなるほど辛いことも知った。

では、トウガラシの何がこれほど世界各地の人びとを魅了しているのだろうか。また、世界には、トウガラシをさかんに利用している地域や民族が他にもあるのではないか。それを知ることができれば、トウガラシを通して世界の食文化の特徴の一端を明らかにすることができそうだ。このように思ったことも本書の大きなきっかけになったのであった。

さて、本書には二〇名もの多数の方が執筆に参加してくださった。トウガラシに関心をもつ研究者や写真家、シェフなどの方たちに呼びかけたところ、すべての方が執筆を快諾、そしてトウガラシのように熱く、このマイナーな作物の来歴や魅力などについて書いてくださった。ご多忙のなか、ご執筆いただいた皆様方に厚くお礼申しあげたい。また、本書の編集実務を担当された八坂書房の中居恵子さんは、本書の完成に熱い情熱を注ぎ尽力してくださった。さらに、本書の校正段階で私は海外調査に出かけてしばらく日本を留守にしたが、そのあいだも滞りなく編集作業を進めてくださったのは、私の研究室の秘書である山本祥子さんである。編者の私を支えてくださったお二人にも感謝の念を示しておきたい。

二〇一〇年二月二六日

コロンブスがトウガラシを「発見」したエスパニョーラ島にて

編者　山本紀夫

山本宗立（やまもと・そうた）

1980年生まれ。京都大学大学院農学研究科博士課程修了。博士（農学）。現在京都大学大学院アジア・アフリカ地域研究研究科　日本学術振興会特別研究員PD。専門は民族植物学、熱帯農学。東南アジア・東アジアを中心にトウガラシ属の呼称や利用、分布、伝播栽培過程に関する研究に従事。主要な論文はUse of *Capsicum frutescens* L. by the indigenus peoples of Taiwan and the Batanes Islands. *Economic Botany*, 63: 43-59 (2009)（共著）など多数。

吉田よし子（よしだ・よしこ）

1932年生まれ。東京大学農学部農芸化学科卒業。農林水産省農業技術研究所に農林技官として勤務。1966年に退職後、夫昌一のフィリピンにある国際稲研究所勤務に同行、熱帯の食用植物の調査・研究を行う。おもな著書に『香辛料の民族学』（中公新書、1988年）、『東南アジア市場図鑑　植物篇』（弘文堂、2001年）、『熱帯アジア14カ国の家庭料理』（楽遊書房、1993年）など多数。

渡邊昭子（わたなべ・あきこ）

1967年生まれ。一橋大学大学院社会学研究科単位取得退学。現在、大阪教育大学教養学科准教授。専門はハンガリー近代史。おもな著作に「ハンガリーの食文化」「ハンガリーの宗教」羽場久美子編『ハンガリーを知るための47章』（明石書店、2002年）、「農民にとっての学校とは　二重君主国期ハンガリー、ツェグレード市のタニャ学校」土肥恒之編『地域の比較社会史　ヨーロッパとロシア』（日本エディタースクール出版部、2007年）など。

渡辺達夫（わたなべ・たつお）

1957年新潟生まれ。東北大学理学部化学科卒業。京都大学農学研究科博士課程修了。農学博士。1988年静岡県立大学食品栄養科学部助手、助教授を経て、現在、同大学同学部教授。おもな著書に『素敵なトウガラシ生活』（柏書房、2005年）、『トウガラシ 辛味の科学』改訂増補版（共編、幸書房、2008年）他。

渡辺庸生（わたなべ・ようせい）

1948年生まれ。京都外国語大学イスパニア語学科中退。現在、メキシコ料理店ラ・カシータ　オーナーシェフ。1974年にメキシコへ渡り、「HACIENDA DE LOS MORALES」、「MESON DEL CABALLO BAYO」にて２年間の修業を経て帰国。1976年に「LA CASITA」をオープン。おもな著書に『魅力のメキシコ料理』（旭屋出版、2002年）、『本格メキシコ料理の調理技術』（旭屋出版、2008年）など。

アジア・イスラム世界の政治文化研究を中心として、オスマン帝国をおもなフィールドとする。おもな著作に、『オスマン帝国―イスラム世界の「柔かい専制」』（講談社［講談社現代新書］、1992年）『オスマン帝国の権力とエリート』（東京大学出版会、1993年）『オスマン帝国とイスラム世界』（東京大学出版会、1997年）『ナショナリズムとイスラム的共存』（千倉書房、2007年）など多数。

立石博高（たていし・ひろたか）

1951年生まれ。東京外国語大学卒業。東京都立大学大学院博士課程中退。現在、東京外国語大学大学院教授。専門はスペイン近代史。著書に『世界の食文化14 スペイン』（農山漁村文化協会）、『スペイン歴史散歩』（行路社）、『スペイン・ポルトガル史』（編著、山川出版社）、『世界歴史大系スペイン史』（全2巻、共編著、山川出版社）など。

鄭　大聲（ちょん・でそん）

1933年生まれ。大阪市立大学大学院修士課程修了。理学博士。現在、滋賀県立大学名誉教授。韓国食文化研究所長。専門は発酵食品、食文化論、朝鮮半島の食文化と日本とのかかわりの調査など。おもな著書に『朝鮮半島の食と酒』（中公新書、1998年）他、著書・編著書・監訳書など多数。

縄田栄治（なわた・えいじ）

1955年生まれ。京都大学大学院修士課程修了。農学博士。現在、京都大学大学院農学研究科教授。専門は、熱帯農学、地域環境科学。タイ、ラオス、ベトナムなど、主として東南アジア大陸部で農業環境に関する調査研究に従事。『作物生産の未来を拓く』（分担執筆「耕地の崩壊と東南アジアの農業」、京都大学学術出版会、2008年）他、著書・論文多数。

堀内　勝（ほりうち・まさる）

1942年生まれ。東京外国語大学アラビア科卒業。カイロ・アメリカ大学M. A.。現在、中部大学国際関係学部教授。専門は言語人類学、民族誌、中東地域研究。おもな著書に『砂漠の文化』（教育社、1979年）、『ラクダの文化誌』（リブロポート、1986年サントリー学芸賞受賞）、『鷹の書』（鷹書研究会編）など。中世アラブの説話集『マカーマート』（全３冊、平凡社東洋文庫、2008～09年）の訳業が20年がかりで完成した。

松島憲一（まつしま・けんいち）

1967年生まれ。信州大学大学院農学研究科修了、博士（農学）。現在、信州大学大学院農学研究科機能性食料開発学専攻准教授。専門は植物遺伝育種学。トウガラシの遺伝育種学的研究の他、ブータンなどにおける食用植物に関する民族植物学的研究も実施。月刊誌「農耕と園芸」連載の「旅するトウガラシ」の他、著書・論文など多数。

川田順造（かわだ・じゅんぞう）

1934年生まれ。東京大学教養学科文化人類学専攻卒業。パリ第5大学民族学博士。東京外国語大学名誉教授。現在神奈川大学特別招聘教授、日本常民文化研究所客員研究員。専門は人類学。長年アフリカで現地調査を行う。おもな著書に『曠野から―アフリカで考える』（筑摩書房、1973年／中公文庫、1976年）『サバンナの博物誌』（新潮選書、1979年／ちくま文庫、1991年）『聲』（筑摩書房、1988年／ちくま学芸文庫、1998年）『文化の三角測量』（人文書院、2009年）『文化を交叉させる　人類学者の眼』（青土社、2010年）などの他、著書・訳書など多数。

小磯千尋（こいそ・ちひろ）

1957年生まれ。早稲田大学教育学部卒業。インド、プーナ大学文学部哲学科博士課程修了（Ph.D）。現在大阪大学、兵庫医療大学非常勤講師。専門はインド中世のヒンドゥー教、インド西部の宗教、文化。都市の祭礼、都市と消費などについての調査研究を行う。『世界の食文化　8、インド』（共著）、『インド人』（G.S.コラナド著）（共訳）など。

小林尚礼（こばやし・なおゆき）

1969年生まれ、自然写真家。京都大学大学院環境工学修了。チベットやヒマラヤで、人間の背後にある自然をテーマに撮影活動をする。著書にチベットでの滞在を綴った『梅里雪山　十七人の友を探して』（山と溪谷社）。同名のテレビ番組制作にも関わる。新聞、雑誌への掲載多数。http://www.k2.dion.ne.jp/~bako/

重田眞義（しげた・まさよし）

1956年生まれ。京都大学大学院アジア・アフリカ地域研究研究科教授。農学博士。専門は民族植物学。おもにエチオピアを中心に、アフリカ農業における諸問題を考察する。おもな著作に「ヒト―植物関係の実相」（『季刊民族学』19巻1号）『科学者の発見と農民の論理―アフリカ農業のとらえかた」（『文化の地平線』所収、世界思想社）「エチオピア女性のひとり旅―巡礼の非宗教的意義」（『旅の文化研究所報告』13号）など多数。

周　達生（しゅう・たっせい）

1931年生まれ。国立民族学博物館名誉教授。専門は動物生態学・物質文化論・民族動物学。おもな著書に『民族動物学――アジアのフィールドから』（東京大学出版会、1995年）、『世界の食文化２　中国』（農山漁村文化協会、2004年）、『カエルを釣る、カエルを食べる――両生類の雑学ノート』（平凡社、2004年）、『昭和なつかし博物学――「そういえばあったね！」を探検する』（平凡社、2005年）など多数。

鈴木　董（すずき・ただし）

1947年生まれ。1979年東京大学大学院法学政治博士課程研究科修了。法学博士。現在、東京大学東洋文化研究所教授。専門は、比較史・比較文化の視点からの西

執筆者紹介

【編著者】

山本紀夫（やまもと・のりお）

1943年生まれ。京都大学大学院博士課程修了、農学博士。現在、国立民族学博物館名誉教授、総合研究大学院大学名誉教授。専門は民族学、民族植物学、山岳人類学。1968年よりアンデス、アマゾン、ヒマラヤ、チベット、アフリカ高地などで主として先住民による環境利用の調査研究に従事。1984～87年には国際ポテトセンター客員研究員。おもな著書に『ジャガイモのきた道』（岩波書店、2008年）、訳書に『トウガラシの文化誌』（共訳、晶文社、1997年）他、著書・編著書・監訳書など多数。

【執筆者（五十音順）】

阿良田麻里子（あらた・まりこ）

1963年生まれ。総合研究大学院大学博士後期課程修了、博士（文学）。現在、国立民族学博物館外来研究員、摂南大学他非常勤講師。専門は、食文化論、言語人類学、言語学。1996年よりインドネシアの食文化に関して調査研究を行っている。著書に『世界の食文化６　インドネシア』（農文協、2008年）、共著書に『くらべてみよう！　日本と世界の食べ物と文化』（講談社、2004年）、『テーマ研究と実践—食からの異文化理解』（時潮社、2006年）がある。

池上俊一（いけがみ・しゅんいち）

1956年生まれ。東京大学大学院人文科学研究科博士課程（西洋史学専攻）中退。東京大学大学院総合文化研究科教授。専門は、フランスとイタリアを中心とするヨーロッパ中世史。『ロマネスク世界論』（名古屋大学出版会、1999年）、『世界の食文化15　イタリア』（農文協、2003年）、『ヨーロッパ中世の宗教運動』（名古屋大学出版会、2007年）など、著書多数。

伊谷樹一（いたに・じゅいち）

1961年生まれ。京都大学大学院農学研究科博士課程修了、農学博士。現在、京都大学大学院アジア・アフリカ地域研究研究科准教授。専門は熱帯農学、地域研究。1985年よりタンザニアやザンビアで主として在来農業とその変容に関する調査研究をしている。『国際農業協力論』（古今書院、1994年）などに分担執筆。

上田晶子（うえだ・あきこ）

1970年生まれ。ロンドン大学東洋アフリカ学院（SOAS）博士課程修了。開発学博士。国連開発計画（UNDP）ブータン事務所等勤務を経て、現在、大阪大学グローバルコラボレーションセンター特任准教授。専門は、開発学。とくに、開発のディスコース、草の根レベルの食料安全保障について、ブータンをおもなフィールドに調査研究をしている。おもな著書に『ブータンにみる開発の概念：若者たちにとっての近代化と伝統文化』（明石書店、2006年）がある。

トウガラシ讃歌

2010年 4月 25日　初版第 1 刷発行

編 著 者　山 本 紀 夫

発 行 者　八 坂 立 人

印刷・製本　モリモト印刷（株）

発 行 所　（株）八 坂 書 房

〒101-0064　東京都千代田区猿楽町1-4-11
TEL. 03-3293-7975　FAX. 03-3293-7977
URL　http://www.yasakashobo.co.jp

落丁・乱丁はお取り替えいたします。　無断複製・転載を禁ず。

ISBN978-4-89694-954-4